노벨상을 꿈꿔라 4

2018 노벨 과학상 수상자와 연구 업적 파헤치기

노벨상을 꿈꿔라 4

1판 2쇄 발행 2020년 10월 20일

글쓴이 김정 이정아 이윤선
감수 곽영직

편집 김은정 최정미
디자인 문지현

펴낸이 이경민
펴낸곳 (주)동아엠앤비
출판등록 2014년 3월 28일(제25100-2014-000025호)
주소 (03737) 서울특별시 서대문구 충정로 35-17 인촌빌딩 1층
전화 (편집) 02-392-6903 (마케팅) 02-392-6900
팩스 02-392-6902
이메일 damnb0401@naver.com
SNS

ISBN 979-11-6363-026-5 (43400)

※ 잘못된 책은 구입한 곳에서 바꿔 드립니다.
※ 이 도서의 국립중앙도서관 출판예정도서목록(CIP)은 서지정보유통지원시스템 홈페이지(http://seoji.nl.go.kr)와 국가자료공동목록시스템(http://www.nl.go.kr/kolisnet)에서 이용하실 수 있습니다. (CIP제어번호: CIP2019000057)

동아엠앤비

노벨상을 꿈꿔라 4

2018 노벨 과학상 수상자와
연구 업적 파헤치기

김정 이정아 이윤선 | 지음
곽영직 | 감수

동아엠앤비

들어가며

"여자라서 수학을 잘 못 하는 거야!"

"여자니까 당연히 문과 갈 거지?"

학교 다닐 때 어른들은 흔히 이런 말씀을 하셨어요. 여자는 선천적으로 수학과 과학을 못 한다고요. 그 대신 감성이 매우 발달해서 문과에 더 맞다고 하셨죠. 정말 사람의 뇌는 성별에 따라 구조나 발달하는 부분이 다를까요? 사실 많은 과학자들이 남녀의 뇌구조에 차이가 없다는 연구 결과를 내놓고 있어요. 그럼에도 불구하고 사람들은 여전히 남성과 여성은 태어날 때부터 뇌가 다르다는 선입견을 갖고 있지요.

하지만 분명한 것은 차이가 있든 없든 우리는 성별에 상관없이 과학을 좋아하고 즐길 수 있다는 거예요. 그리고 누구나 과학자가 되고, 위대한 업적을 인정받는 노벨상을 탈 수도 있어요.

2018 노벨상을 통해 여성 과학자들이 유리천장을 깼다는 평가가 여러 매체를 통해 나오고 있어요. 노벨 물리학상과 화학상에서 각각 한 명, 노벨 평화상에서 한 명으로, 한 해에 세 명의 여성 과학자가 노벨상을 수상했기 때문이지요.

반면 아직 '유리천장' 근처에도 가지 못했다는 분석도 있어요. 1901년 이후 2017년까지, 노벨 과학상을 받은 599명 중 581명이 남성 과학자였거든요. 117년간 노벨상을 받은 여성 과학자는 18명에 불과하답니다.

'여성'이라는 한계에 부딪혀 노벨상을 수상하지 못한 사례도 있어요.

영국 출신의 생물 물리학자 로잘린드 프랭클린은 인류 최초로 DNA의 구조가 '이중나선 모양'임을 규명했어요. 하지만 당시 사회는 '여자'를 과학자로 대우하지 않았고, 결국 연구 성과도 남자 과학자들에게 빼앗기고 말았지요. 물론 노벨상 수상까지도 말이에요.

친구들이 생활하고 있는 세상은 어떤가요? '여자'라고 해서, 혹은 '남자'라고 해서 하고 싶은 일을 못 하거나, 하기 싫은 일을 억지로 하고 있지는 않나요? 분명한 건, 세상은 성별에 상관없이 좋아하는 장난감과 색, 과목을 자신 있게 말할 수 있고 선택할 수 있어야 한다는 점이에요. 파란색 공룡을 좋아하는 여자 친구들도 있고, 분홍색 인형을 좋아하는 남자 친구들이 있는 것처럼 말이에요.

지금 이 책을 선택한 친구들은 분명 과학을 좋아하는 친구들일 거라고 생각해요. 성별이나 과학 시험 성적에 상관없이 '재미있게' 이 책을 읽었으면 좋겠어요.

앞으로 '공대 아름이'가 사라지고, 여성 과학자와 남성 과학자가 서로 조화를 이루는 세상을 기대해 봅니다.

2019년 어느 날

차례

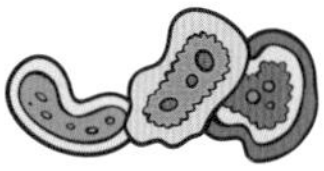

03 2018 노벨 화학상

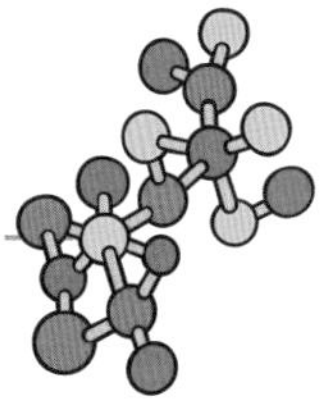

04 2018 노벨 생리의학상

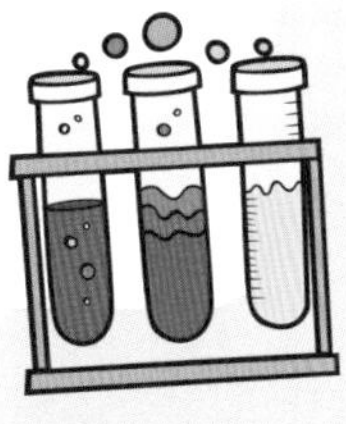

01

2018 노벨상

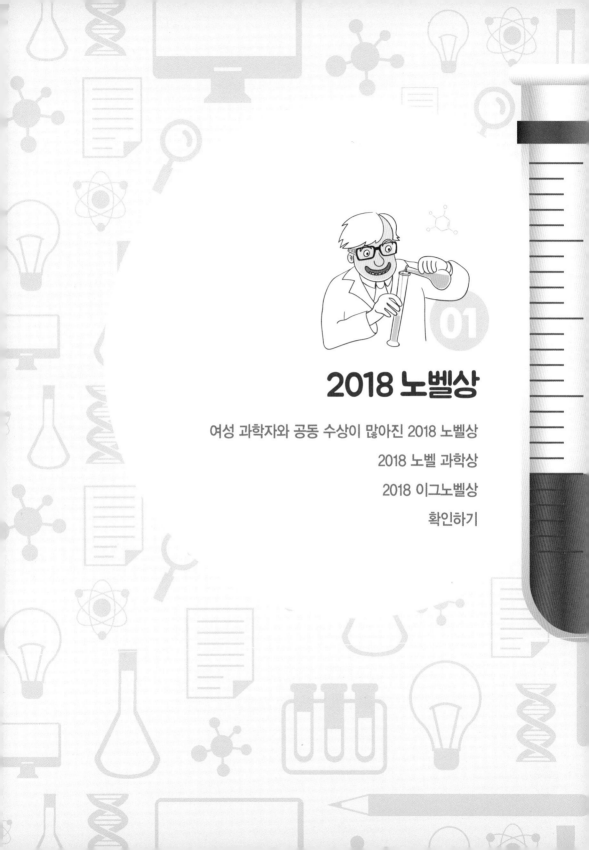

여성 과학자와 공동 수상이 많아진 2018 노벨상

2018 노벨 과학상

2018 이그노벨상

확인하기

여성 과학자와 공동 수상이 많아진 2018 노벨상

2018년 10월에도 역시나 전 세계 과학계가 금빛으로 물들었어요. 물리학과 화학, 생리의학 분야에서 연구 성과를 내, 인류에게 지대한 공헌을 한 과학자들에게 노벨 과학상이 주어졌어요. 매년 스웨덴 왕립과학아카데미와 스웨덴 카롤린스카 의대가 각각 물리학상과 화학상, 생리의학상을 심사해 수상자를 결정한답니다.

2018 노벨 생리의학상은 우리 몸속 면역세포의 암 치료 능력을 높여 차세대 항암제를 개발한 과학자 두 명이 받았어요. 노벨 물리학상은 레이저를 자유자재로 구사할 수 있게 만든 과학자 세 명이, 노벨 화학상은 효소와 항체 생산 방식을 획기적으로 바꾼 과학자 세 명이 받았지요.

각 분야의 수상자와 수상 업적을 구체적으로 알아보기 전에, 2018 노벨상의 특징을 한번 알아보기로 해요.

노벨상

노벨상은 1901년에 시작된 상으로 스웨덴의 화학자 알프레드 노벨의 유언에 따라 만들어졌어요. 해마다 물리학, 화학, 생리의학, 경제학, 문학, 평화 총 6개 부문에서 인류의 복지에 도움을 준 사람에게 수여된답니다.

노벨상 메달. © 노벨위원회

2018 노벨 과학상 여성 수상자는 두 명!

안타까운 일이지만 지금까지 노벨 과학상 수상자들은 대부분 남성들이었어요. 노벨상이 시작된 1901년부터 2017년까지 노벨 과학상 수상자 총 599명 중(중복 수상 포함) 여성 수상자는 단 18명(약 3.29%, 중복 수상 포함)밖에 없었답니다.

노벨상을 수상한 여성 과학자 가운데 여러분도 잘 알고 있는, 마리 퀴리의 이야기를 해 볼까요? 마리 퀴리는 노벨 과학상을 두 번 받은 것으로도 유명해요. 첫 번째 노벨상은 남편인 피에르 퀴리와 공동 수상했지요.

피에르 퀴리(뒤에 서 있는 남성)와 마리 퀴리(앞에 앉아 있는 여성) 부부. 부인인 마리 퀴리는 노벨 과학상을 두 번 받았다. © Wellcome Collection gallery

그런데 애초에는 수상자 명단에 피에르 퀴리만 있었다고 해요. 그러자 피에르 퀴리는 주요 연구 성과를 자기가 아닌, 아내 마리가 냈기 때문에 마리에게 상을 주지 않는다면 자신도 받을 수 없다고 강력하게 맞섰지요. 그래서 퀴리 부부는 공동으로 수상하게 되었답니다. 국내에서도 꽤 오랫동안 마리 퀴리라는 이름이 아닌, 퀴리 부인으로 대중에게 알려졌을 정도이니 여성 과학자에 대한 편견이 얼마나 심했었는지 알 수 있어요.

2018년에는 노벨 물리학상과 화학상에서 각각 한 명씩 여성 과학자가 수상했어요. 물리학상 수상자인 캐나다 워털루대학교의 도나 스트릭랜드 교수와 화학상 수상자인 미국 캘리포니아공과대학교(칼텍)의 프랜시스 아널드 교수지요. 이렇게 한 해에 여성 수상자가 두 명 이상 나온 것은 이번이 역대 두 번째예요.

지금으로부터 9년 전인 2009년, 미국 캘리포니아대학교의 엘리자베스 블랙번 교수와 미국 존스홉킨스 의대의 캐롤 그레이더 교수가 생리의학상을, 그리고 이스라엘 바이즈만연구소의 아다 요나스 교수가 화학상을 받았어요.

2009 노벨 화학상을 수상한 이스라엘 바이즈만 연구소의 아다 요나스 교수. © 위키미디어

2009년과 2018년, 여성 수상자가 두 명 이상 나온 만큼 최근 여성 수상자가 늘고 있는 것은 아닐까요? 한국연구재단에서 분석한 결과, 최근 10년간 노벨 과학상에서 여성 수상자의 비율은 이전보다 화학상에서 약 3.7%, 생리의학상에서 약 20.0% 증가한 것으로 나타났어요.

하지만 물리학상에서는 여전히 가뭄이었어요. 심지어 2018 노벨 물리학상을 받은 도나 스트릭랜드 교수는 1903년 마리 퀴리, 1963년 마리아 메이어에 이어 55년 만에 나타난 세 번째 여성 수상자이지요!

한국창의재단에서는 2008년 이후 노벨 과학상에서 전체적으로 여성 수상자가 늘고 있는 원인을 분석했어요. 첫 번째 원인은 노벨위원회를 비롯해 세계 과학계에서 여성 과학자에 대한 편견이 줄었기 때문이라고 설명했어요. 과학계에서, 특히 생리의학 관련 분야에서 여성 과학자의 비중이 늘고 있다는 사실도 두 번째 원인으로 꼽았답니다. 앞으로 노벨 과학상 수상자 중에 여성 과학자의 비율이 더욱 증가할 것이라는 전망이지요.

노벨상 수상자를 예측할 수 있다?

매 가을이 되면 전문가들은 각 분야에서 어떤 연구자가 어떤 연구 성과를 인정받아 노벨 과학상을 타게 될지 예측하기도 해요. 우리나라에서도 지금까지 여러 과학자들이 노벨상 후보로 거론되기도 했지요. 특히 미국 정보분석서비스 기업인 '클래리베이트 애널리틱스[전 톰슨 로이터 지적재산(IP) · 과학분야 사업부]'가 예측한 노벨상 후보가 수상자가 될 확률이 높답니다. 이곳에서는 그간 연구논문 가운데 피인용(나의 논문을 남이 인용한 횟수) 건수가 높거나 학계에서 큰 영향력을 보인 연구를 선정해 후보를 결정하기 때문이에요. 피인용 건수가 높다는 말은 다른 과학자들이 비슷한 연구를 할 때 해당 논문을 참조하는 경우가 많았다는 뜻이에요. 즉 학계의 여러 동료 과학자들에게도 연구 성과를 인정받고 있다고 볼 수 있지요. 클래리베이트가 2002년 이후 지금까지 맞힌 노벨상 수상자가 31명에 이른다고 하니 정말 대단하지요?

공동 수상자가 점점 증가하고 있다?

또 하나 2018년을 비롯해 최근 들어 노벨상 수상에서 두드러지게 나타난 특징은 2~3명이 공동 수상하는 경우가 늘어났다는 점이에요. 2018년에도 물리학상과 화학상, 생리의학상에서 각각 세 명, 세 명, 두 명이 공동 수상했답니다.

한국연구재단에서 분석한 결과 역시나 과거에 비해 최근 들어 각 분야마다 두세 명이 공동으로 수상하는 현상이 뚜렷하게 증가했다고 해요. 1900년대 초반에는 단독 수상이 우세했으나 1950년대 이후 2인 공동 수상이 늘어났으며, 2000년대 이후 3인 공동 수상이 우세해졌다고 해요.

실제로 2009년부터 지난 10년간 공동 수상한 경우는 90%나 됐어요. 대부분의 연구 성과가 과학자 한 사람의 개인 성과가 아닌, 여러 명의 과학자들이 서로 직 · 간접적으로 교류한 결과이지요. 이에 대한 원인으로 한국연구재단에서는 1950년대 이후 과학기술이 발전하고 분야가 세세해짐에 따라, 각 분야끼리 섞이는 융합 학문이 많아지면서 공동 연구가 늘어난 것으로 분석했어요.

재미있는 사실은 노벨 과학상을 공동 수상한 과학자들이 협력하는 방법이 달라졌다는 거예요. 한국연구재단 전문가들은 노벨위원회 홈페이지(www.nobelprize.org)에 공개된 자료를 토대로, 그간 공동 수상자들이 어떻게 협력했는지 알아봤어요. 공동 수상자들이 함께 협력해 연구를 한 경우는 81%나 되었지요.

그런데 분야마다 협력하는 방법이 달랐어요. 노벨 물리학상 공동 수상자들은 주로 함께 연구하면서 핵심 성과를 이룩하는 일이 많았어요. 하지만 노벨 화학상과 노벨 생리의학상은 수상자들이 함께 모여서 연

최근 수상 트렌드

공동 수상 증가

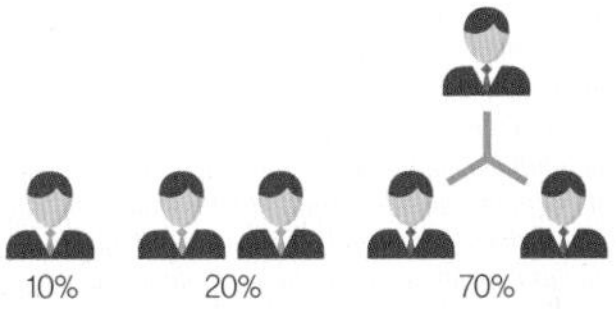

최근 10년간 90%가 공동수상이었으며
3인 공동수상의 비율이 70%

수상자 연령 고령화

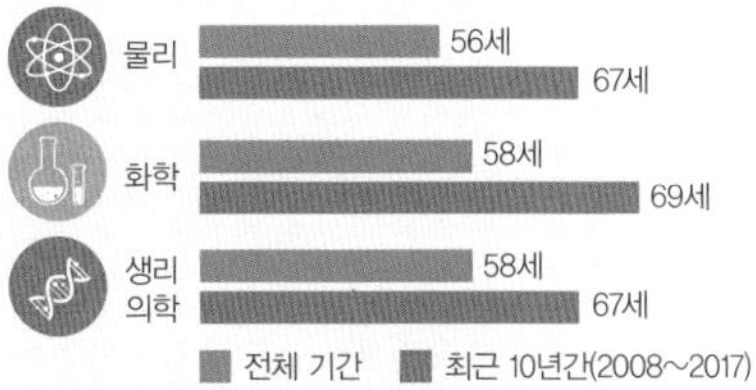

최근으로 올수록 전 분야의 수상자 연령 증가

노벨 과학상 수상 통계

수상 인원

1901년부터 시작되어 117년 동안 599명 수상

성별

남성 97% 여성 3%

최근 10년간 수상자의 연구패턴

생애 연구 업적

논문 수

총 피인용 수

수상에 기여한 연구 기간

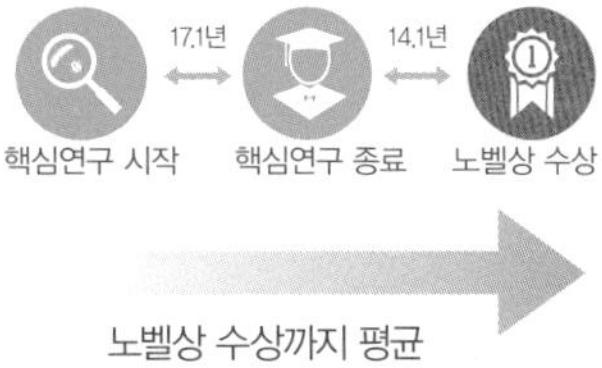

노벨상 수상까지 평균
총 31.2년 소요

ⓒ2018 노벨 과학상 종합분석 보고서, 한국연구재단

2015 노벨 생리의학상 수상자들. 투유유 교수(오른쪽), 캠벨 연구원(가운데), 사토시 교수(왼쪽)는 각기 다른 연구 성과를 인정받아 같은 해 노벨 생리의학상을 받았다. © VILHELM STOKSTAD

구하기보다는 각자 연구를 했는데, 그 연구 성과들이 유기적으로 연결돼 단계적으로 발전을 이룬 경우가 많았지요.

특이한 점은 2018 노벨 물리학상을 받은 수상자들은 각자 다른 단독 연구로 공동 수상했다는 사실이에요. 이렇게 각자 다른 연구 성과를 인정받아 노벨 과학상을 공동 수상한 사례는 지난 10년 동안 세 건이 더 있었어요.

예를 들면 2015년에 생리의학상을 받은 세 명 중 중국전통의학연구원 투유유 교수는 말라리아 환자의 사망률을 낮추는 약을 개발한 공로를, 미국 드류대 윌리엄 캠벨 명예연구원과 일본 기타사토대학교 오무라 사토시 명예교수는 기생충 질병에 면역력을 제공하는 약을 개발한 공로를 인정받았지요.

노벨 평화상 – 가장 어두운 곳에서 여성 인권을 지키다
드니 무퀘게와 나디아 무라드

2018 노벨 평화상은 전쟁 중에 일어나는 범죄와 싸우고 피해자의 정의를 지킨 사람들이 받았어요. 콩고민주공화국의 외과 의사인 드니 무퀘게는 자국 내 성폭력 피해 여성을 도운 공로로, 이라크의 여성 인권 운동가 나디아 무라드는 이슬람 수니파 극단주의 무장단체인 IS의 성폭력 만행을 고발한 공로로 수상했어요.

수상자 발표 후 무퀘게는 "무력 분쟁으로 인해 상처를 받고 날마다 폭력의 위협을 받고 있는 세계 여성들에게 이 상을 바친다"고 소감을 밝혔어요. 그는 성폭력 피해자를 치료하기 위해 병원을 세웠으며, 지금까지 수천 명의 성폭력 피해 여성을 수술하고, 생명을 구했다고 해요.

무라드는 2016년 6월 미 의회 증언에서 자신과 수천 명의 여성들이 IS에 납치돼 어떠한 폭력을 당했는지 밝혔어요.

2018 노벨 평화상을 수상한 콩고민주공화국의 외과 의사 드니 무퀘게(왼쪽)와 나디아 무라드.

노벨위원회는 "전시에 여성들이 폭력을 당하고 있어 보호 장치를 마련할 필요가 있으며, 가해자들에게 그러한 행동에 대해 책임을 물어야 한다는 뜻에서 두 사람을 노벨 평화상 수상자로 선정했다"고 밝혔어요.

노벨 경제학상 – 지속 가능한 성장 연구
폴 로머와 윌리엄 노드하우스

2018 노벨 경제학상 수상자로 선정된 미국 뉴욕대학교 폴 로머 교수는 거시경제학의 새 분야인 '내생적 성장 이론(Endogenous Growth Theory)'을 도입한 공로를 인정받았어요. 공동 수상자로 선정된 미국 예일대학교 윌리엄 노드하우스 교수는 기후변화의 경제적인 효과에 대해 연구한 공로를 인정받았지요.

로머 교수는 1980년대, 경제가 성장하는 원인이 외부 요인이 아닌, 사회 내부의 내생적인 요인 때문이라는 내생적 성장 이론을 주장했어요. 그는 선진국과 개발도상국 사이에는 기술적인 경계선이 있어서 경제 성장에 차이가 있다고 봤어요. 그래서 개발도상국들이 연구개발(R&D)을 통한 기술 혁신을 이루지 않는다면 결코 선진국을 따라잡을 수 없다고 주장했지요.

노드하우스 교수는 탄소세(carbon tax)를 제안한 학자예요. 그가 탄소세를 제안한 이유는 석탄이나 휘발유, 경유 등 화석연료의 가격을 매길 때에는 이것을 사용함으로써 따라오는 기후변화 등을 겪을 미래 세대를 위한 비용이 포함되어 있지 않다고 생각했기 때문이에요.

노벨위원회는 "기후변화와 이에 대한 해결책을 장기적·거시적으로

폴 로머 교수.

윌리엄 노드하우스 교수.

노벨위원회가 경제학상 수상자를 발표하는 모습.

분석해 지속 가능한 전 세계 경제의 성장에 해법을 제시했다"면서 두 사람을 노벨 경제학상 수상자로 선정한 이유를 밝혔어요.

2018년 노벨 문학상 수상자는 없다?

2018년 세계적으로 뜨거웠던 이슈 중 하나는 '미투'예요. 미투는 'me too', 즉 '나도 당했다'는 뜻으로, 성폭력을 고발하고 사회적 약자인 여성의 권리를 높이기 위한 운동이에요.

지난해 노벨 문학상을 시상하는 스웨덴 한림원 역시 미투 파문에 휩싸이며 "올해(2018년) 노벨 문학상을 시상하지 않는다"고 밝혔지요. 이어 "대신 내년(2019년) 두 명의 노벨 문학상 수상자를 발표하겠다"고 덧붙였답니다.

2018 노벨 과학상

일본 노벨 과학상 수상자 벌써 23명

우리나라에서는 아직까지 노벨 과학상 수상자가 없지만, 이웃나라인 일본은 1949년 첫 수상 이후 2018 생리의학상을 수상한 혼조 다스쿠 교수까지 포함해 총 23명이 노벨 과학상을 받았어요. 심지어 2002년에는 물리학상과 화학상, 두 분야에서 일본인 수상자가 탄생했어요. 2000년대 이후에만 18명이지요.

물론 국가별로 봤을 때 노벨 과학상을 가장 많이 받은 곳은 미국(약 42.7%)이에요. 그리고 영국(약 14.1%)과 독일(약 11.2%) 순이지요. 나머지 25개 국가들이 약 30%를 차지하고 있답니다.

한국연구재단에서는 미국과 영국, 독일 등 주요 3개국에서 전체 수상자의 약 70%가 탄생했다는 것은, 이곳에 세계 일류 대학으로 꼽히는 대학들이 많기 때문이라고 분석했어요. 실제로 미국 하버드대학교와 캘리포니아 공대, 스탠퍼드대학교, 매사추세츠 공대(MIT), 영국 케임브리지 등에서 노벨 과학상 수상자가 가장 많이 배출되고 있답니다.

그렇다면 노벨 과학상 수상자가 많지 않은 아시아에서 유일하게 일본인 수상자가 꾸준히 탄생하는 비결은 무엇일까요? 한국연구재단에서는 일본은 19세기 후반부터 과학기술 연구에 투자해 왔고, 이미 제2차 세계대전 때 미국과 대등한 전쟁을 할 만한 기술을 보유했기 때문이라고 봤어요. 대부분의 수상자가 2000년 이후에 나온 것에 대해, 20세기 동안 기초과학에 투자한 결실이 21세기에나 이뤄졌다고 분석했지요.

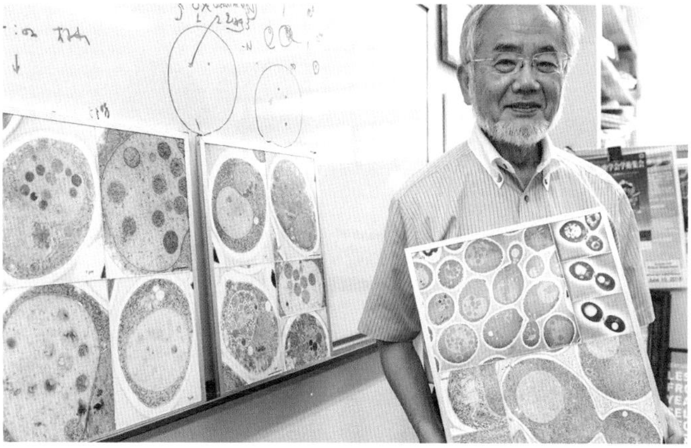

일본은 2018년까지 노벨 과학상 수상자를 23명 배출했다. 사진은 2016년 세포의 자가소화작용(오토파지) 과정을 밝혀낸 공로로 노벨 생리의학상을 수상한 도쿄공업대학교 오스미 요시노리 명예교수다.
© Akiko Matsushita, Science

하지만 우리나라는 1990년대에 들어서야 기초과학 연구에 대해 지원하기 시작했어요. 노벨 과학상 수상자가 탄생하기까지 아직은 '기다림'과 '노력'이 필요하다는 이야기지요.

전문가들은 최근 우리나라에서도 기초과학과 응용과학이 꾸준히 성장하고 있다며 기대하고 있어요. 물론 노벨 과학상을 수상하는 일도 자랑스럽고 좋지만, 무엇보다도 과학자들이 장기적으로 연구할 수 있도록 안정적인 환경이 마련되는 것이 가장 중요하답니다.

가까운 미래에는 우리나라에서도 노벨 과학상 수상자가 탄생하게 될까요? 어쩌면 이 책의 제목처럼 첫 번째 노벨 과학상 수상자는 이 책을 읽고 있는 독자 여러분 가운데에서 탄생할 것 같아요!

노벨 생리의학상은 면역 항암 치료법을 개발해 획기적인 암 치료법을 찾아낸 두 과학자에게 돌아갔어요.

미국 MD앤더슨암센터 제임스 앨리슨 교수와 일본 교토대학교 혼조 다스쿠 명예교수는 우리 몸에서 면역계가 면역반응을 스스로 억제·조절하는 기작을 이용해 암을 치료하는 방법을 알아냈어요.

우리 면역계는 외부로부터 낯선 물질, 즉 세균이나 바이러스 같은 병원균이 들어오면 이를 공격하거나 이미 감염된 세포를 없애는 방법으로 건강을 지켜요. 그런데 면역반응이 지나치게 활성화하면 건강한 세포를 공격하는 등 부작용이 일어날 수 있어요. 그래서 면역계는 지나치게 활성화되지 않도록 스스로 조절을 해요.

일본 교토대학교 혼조 다스쿠 명예교수가 노벨 생리의학상 수상 소식 직후 연구실에서 학생들에게 둘러싸여 있는 모습.

ⓒ노벨위원회 트위터

그런데 암세포가 이를 악용해 면역반응이 잘 일어나지 않도록 조작하는 경우가 있어요. 그래서 두 과학자는 면역계가 면역반응을 제어하려고 스스로 만드는 단백질을 방해하는 항체를 이용하면 암세포가 이를 악용하지 못해 암을 치료할 수 있다는 사실을 밝혀냈어요.

그들이 개발한 면역 항암 치료는 기존 항암 치료와 달리 암세포만 공격하고 주변에 있는 건강한 세포는 손상시키지 않아요. 그래서 탈모 같은 부작용이 일어나지 않지요. 면역계를 이용하기 때문에 한 번 치료로 수년간 완치 상태를 유지할 수 있다는 장점도 있답니다. 그들이 개발한 항체는 현재 암을 치료하는 약으로도 상용화되어 수많은 사람을 살리고 있지요.

노벨위원회는 "면역 항암 치료를 발견한 공로를 인정해 노벨 생리의학상 수상자로 선정했다"면서 "두 사람이 개발한 면역항암제는 암을 완치하는 데 큰 효과가 있다"고 밝혔답니다.

노벨 물리학상: 레이저를 마음대로 움직이다

2018 노벨 물리학상은 레이저 물리학 분야에서 새로운 기술을 개발한 세 과학자가 받았어요. 미국의 아서 애슈킨 박사와 프랑스 에콜폴리테크니크 제라르 무루 명예교수와 캐나다 워털루대학교 도나 스트릭랜드 교수가 그 주인공이에요.

무루 교수와 스트릭랜드 교수는 극초단 고출력 레이저를 개발한 공로를, 애슈킨 박사는 초정밀 레이저를 활용하는 기술을 개발한 공로를 인정받았어요.

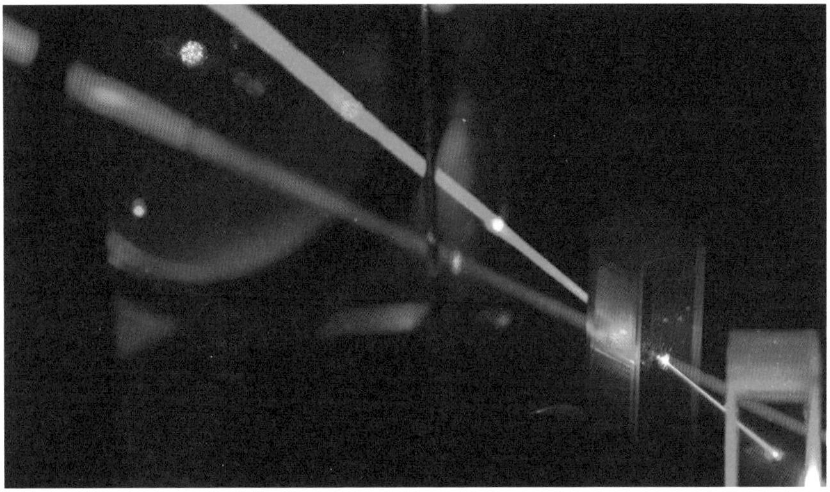

2018 노벨 물리학상은 레이저 물리학 분야에서 새로운 기술을 개발한 세 과학자가 받았다. ©chemistryworld.com

극초단 고출력 레이저는 짧은 시간 동안 순간적으로 쏜 레이저를 말해요. 에너지를 자유자재로 조절할 수 있기 때문에 아주 단단한 강판을 자를 수도 있고, 눈의 각막처럼 매우 연하고 섬세한 조직도 자를 수 있어요. 눈의 시력을 교정하는 라식, 라섹 수술에 활용되는 레이저가 바로 이 극초단 고출력 레이저랍니다.

한편 애슈킨 박사는 레이저를 한 점에 모아 작은 입자를 고정하거나 핀셋처럼 들어 올릴 수 있는 '레이저집게' 기술을 개발했어요. 이 레이저 집게로는 세포처럼 크기가 수 마이크로미터에 지나지 않는 입자까지 집을 수 있어요. 그래서 레이저집게가 있다면 현미경으로 세포를 관찰할 때 원하는 위치로 이동시키거나 방향을 바꿀 수 있답니다.

노벨위원회는 "이전까지 레이저는 기초연구의 영역에 있다고만 생각했는데, 세 사람의 공로로 실생활에 활용될 수 있었다"고 밝혔어요.

노벨 화학상: 효소와 바이러스로 의약품을 만들다

2018 노벨 화학상은 효소 등 단백질을 이용해 친환경 연료와 의약품을 만든 공로로 미국 캘리포니아공대 프랜시스 아널드 교수, 미국 미주리대학교 조지 스미스 교수, 영국 MRC 분자생물학연구소 그레고리 윈터 연구원에게 수여됐어요.

아널드 교수는 효소의 유도 진화에 대해 연구했고, 스미스 교수는 파지 디스플레이에 대해 연구했으며, 윈터 연구원은 치료용 항체를 개발한 업적을 인정받았답니다.

아널드 교수는 효소를 원하는 방향으로 진화시켜 바이오연료나 의약품을 대량생산하는 기술을 개발했어요. DNA에 든 효소 유전자에 임의로 돌연변이를 일으킨 다음, 이 DNA를 세포에 넣어 효소를 얻어요. 이 중 원하는 대로 진화한 효소를 만드는 DNA만 골라 앞의 과정을 반복하는 원리이지요. 이렇게 효소를 방향적 진화를 시키면 점차 기능이 뛰어난 효소를 생산할 수 있답니다.

효소의 유도 진화에 대해 연구한 공로로 2018 노벨 화학상을 받은 미국 캘리포니아공대 프랜시스 아널드 교수. ©Caltech

아널드 교수가 DNA에 돌연변이를 일으켜 원하는 단백질(효소)을 만들었다면, 조지 스미스 교수는 박테리아를 이용해 원하는 단백질을 만드는 방법인 '파지 디스플레이'를 개발했답니다.

윈터 연구원은 파지 디스플레이를 활용한 방법으로 100억 개 이상의 변이 항체들을 빠르게 구분하고,

우수한 항체를 효과적으로 찾아내는 데 성공해 치료용 항체들을 개발했어요. 대표적으로 류머티즘성 관절염 치료에 효과적인 항체 의약품 '휴미라'가 있답니다. 이 방법들로 만들어진 생체 단백질은 새로운 약이나 바이오 연료들을 개발하는 데 유용하게 쓰이고 있어요.

캐나다 워털루대학교 도나 스트릭랜드 교수가 2018년 12월, 노벨 물리학상을 받고 있다. ©노벨위원회

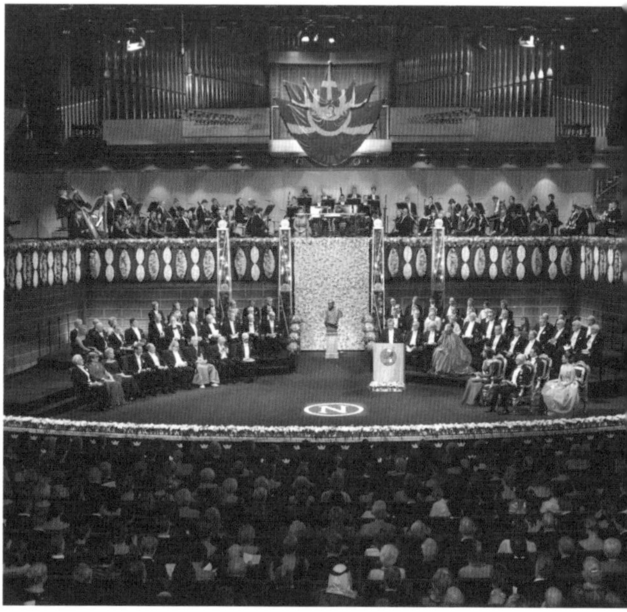

2018년 12월에 열린 노벨상 시상식. ©노벨위원회

2018 노벨상 수상자

구분	수상자	수상 업적
평화상	 드니 무퀘게 나디아 무라드	전시 성폭력을 없애기 위해 노력한 공로.
생리의학상	 제임스 앨리슨 혼조 다스쿠	면역체계를 이용한 암 치료법 발견.
물리학상	 아서 애슈킨 제라르 무루 도나 스트릭랜드	레이저 물리학 분야에서 혁신적인 발명.
화학상	 프랜시스 아널드 조지 스미스 그레고리 윈터	효소와 항체 생산 방식을 획기적으로 바꾼 공로.
경제학상	 윌리엄 노드하우스 폴 로머	기후변화의 경제적 효과에 관해 연구한 공로와 거시경제학의 새 분야인 내생적 성장 이론을 도입한 공로.

2018 이그노벨상

이그노벨상 시상식은 미국 유머과학잡지 《황당무계 연구 연보》에서 개최해요. 매년 노벨상이 발표되기 2주 전 미국 하버드대학교에서 열리지요.

이그노벨은 '말이 안 되지만 진짜로 존재하는'이라는 뜻의 영어 단어 'Improbable Genuine'의 앞 글자와 '노벨'을 더해 만들어졌어요. 2018년 28번째를 맞은 이 상의 수상 기준은 독특해요. 황당하고 기이한 괴짜 연구여야 하지요. 하지만 그저 웃기기만 한 상은 아니에요. 웃음과 동시에 사람들이 곰곰이 생각해 볼 만한 거리를 제공해야 하거든요.

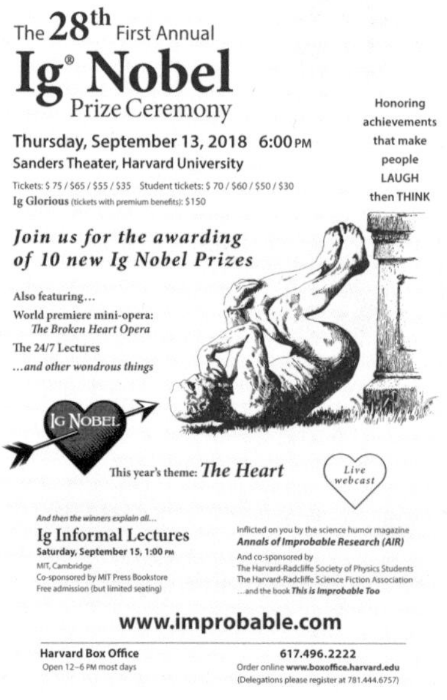

2018 이그노벨상 시상식 포스터. ©이그노벨상 홈페이지

실제로 이그노벨상을 받은 연구자 중에는 노벨 물리학상 수상자도 있답니다. 2000년 자석으로 개구리를 공중 부양시킨 연구로 이그노벨상을 받은 영국 맨체스터대학교 안드레 가임 교수는 2010년 그래핀 연구로 노벨 물리학상을 수상했지요. 가임 교수는 최초로 이그노벨상과 노벨상을 모두 수상한 과학자가 되었답니다.

2018년의 괴짜 연구를 소개합니다!

이그노벨상의 수상 분야는 해마다 조금씩 바뀌어요. 2018년에는 의학상, 인류학상, 화학상, 경제학상, 의학교육상 등 10개 분야에서 시상이 이뤄졌어요.

경제학상:

스트레스 받을 때, 저주인형이 효과 있다?

캐나다 윌프리드 로리어대학교 연구팀은 195명을 대상으로 회사에서 안 좋았던 경험을 떠올리게 했어요. 그리고 한 집단은 가만히 있게 하고 다른 집단은 저주인형 사이트에 접속해 스트레스를 받게 한 상사의 이름을 적고 1분 동안 저주인형을 찌르게 했지요. 이후 심리 검사 결과, 가만히 있었던 집단은 평소의 두 배 정도로 높은 스트레스를 받

스트레스를 푸는 데 효과 있는 저주인형. ©셔터스톡

은 반면, 저주인형을 찌른 집단은 스트레스가 크게 오르지 않았어요. 평상시와 비슷했지요. 연구팀은 저주인형을 찌르는 것만으로도 스트레스를 풀 수 있다는 사실을 밝혀내 이그노벨 경제학상을 받았답니다.

의학교육상:
대장내시경을 스스로 한다?

일본 고마가네시 종합병원 호리우치 아키라 의사는 앉은 자세에서 스스로 항문에 내시경을 넣어 대장을 살펴보는 검사법을 개발했어요. 대장내시경은 환자가 옆으로 누우면, 의사가 항문에 카메라가 달린 호스를 넣어 대장에 이상이 있는지 관찰하는 검사법이지요. 자세가 무척 곤욕스러울 뿐만 아니라 고통스러워서 혼자서는 검진할 수 없어요.

호리우치 박사는 스스로 대장내시경을 하는 장비를 개발했어요. 오른손으로는 장비를 넣고 왼손으로는 버튼을 눌러 방향을 조작할 수 있지

호리우치 박사가 스스로 대장내시경을 검사하는 방법을 보여 주는 모습. © Howard Cannon_Annals of Improbable Research

요. 호리우치 박사는 이날 시상식에서 직접 검사 방법을 보여 주면서 "사람들이 대장내시경을 겁내는데 그럴 필요가 없다는 것을 알려주고 싶었다"며, "다만 일반인에겐 추천하지 않는다"고 수상 소감을 말했답니다.

인류학상:

침팬지와 사람, 누가 더 잘 따라 할까?

스웨덴 룬드대학교 인지과학연구소 가브리엘라 알리나는 침팬지가 사람을 따라 하며 노는 모습을 관찰하다가 '침팬지가 사람을 따라 하는 건지, 사람이 침팬지를 따라 하는 건지' 알아보는 연구를 시작했어요. 총 21일, 52시간 동안 스웨덴 푸르비크 동물원에서 침팬지를 관람한 만여 명의 사람과 5마리의 침팬지 행동을 관찰했지요. 그 결과 전체 행동 중 9.37%는 사람이 침팬지를, 9.41%는 침팬지가 사람을 따라 한 것을 발견했어요. 침팬지와 사람이 따라 하는 비율이 서로 비슷하다는 사실을 밝혀냈지요. 연구팀은 이 연구로 이그노벨 인류학상을 수상했답니다.

사람을 따라 하며 노는 침팬지. © 셔터스톡

의학상:

요로결석에 걸렸다면 롤러코스터를!

요로결석은 오줌을 배출하는 기관인 신장, 요도, 방광에 딱딱한 돌인 '결석'이 생기는 질병이에요. 결석은 극심한 복부 통증을 일으키는 데, 크기가 5mm보다 작으면 오줌과 함께 자연스레 배출될 때까지 기다리는 것이 일반적이에요. 그보다 크면 밖에서 충격파를 쏴서 깨부순 뒤, 오줌으로 배출되길 기다려야 하지요.

미국 미시간주립대학교 데이비드 워팅거 박사는 한 환자에게서 롤러코스터를 탔더니 신장에 있던 요로결석 세 개가 배출됐다는 이야기를 들었어요. 이 말을 확인하기 위해 플로리다주 올랜도 디즈니월드에 있는 롤러코스터에 3D 프린터로 만든 신장 모형을 태워 직접 실험했지요. 결석의 위치와 롤러코스터 좌석 위치에 따라 결석 배출률을 확인한 결과, 신장 위쪽에 결석을 지닌 환자가 롤러코스터 뒷좌석에 탔을 때 배출률이 가장 높았어요. 앞좌석(16.7%)에 탔을 때보다 뒷좌석(63.9%)에서 4배 정도 결석 배출률이 높았답니다. 워팅거 박사는 이 연구로 이그노벨 의학상을 수상했어요.

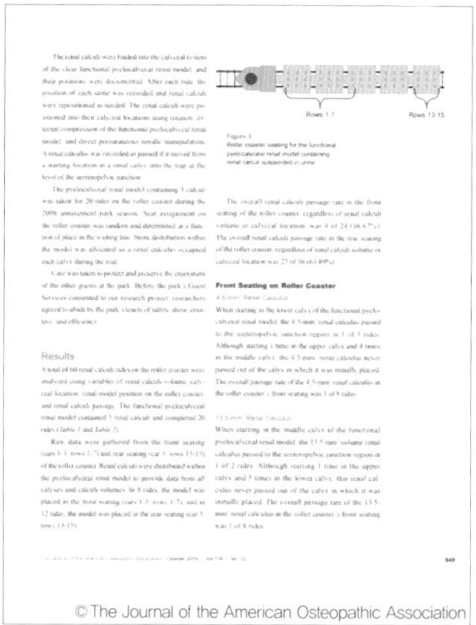

The renal calculi were loaded into the calyceal systems of the clear functional pyelocalyceal renal model, and their positions were documented. After each ride, the position of each stone was recorded and renal calculi were repositioned as needed. The renal calculi were positioned into their calyceal locations using rotation, external compression of the functional pyelocalyceal renal model, and direct percutaneous needle manipulation. A renal calculus was recorded as passed if it moved from a starting location in a renal calyx into the trap at the level of the ureteropelvic junction.

The pyelocalyceal renal model containing 3 calculi was taken for 20 rides on the roller coaster during the 2015 amusement park season. Seat assignment on the roller coaster was random and determined as a function of place in the waiting line. Stone distribution within the model was allocated so a renal calculus occupied each calyx during the trial.

Care was taken to protect and preserve the enjoyment of the other guests at the park. Before the park's Guest Services consented to our research project, researchers agreed to abide by the park's tenets of safety, show, courtesy, and efficiency.

Results

A total of 60 renal calculi rides on the roller coaster were analyzed using variables of renal calculi volume, calyceal location, renal model position on the roller coaster, and renal calculi passage. The functional pyelocalyceal renal model contained 3 renal calculi and completed 20 rides (*Table 1* and *Table 2*).

Raw data were gathered from the front seating (cars 1-3, rows 1-7) and rear seating (car 5, rows 13-15) of the roller coaster. Renal calculi were distributed within the pyelocalyceal renal model to provide data from all calyses and calculi volumes. In 8 rides, the model was placed in the front seating (cars 1-3, rows 1-7), and in 12 rides, the model was placed in the rear seating (car 5, rows 13-15).

Figure 3.
Roller coaster seating for the functional pyelocalyceal renal model containing renal calculi suspended in urine.

The overall renal calculi passage rate in the front seating of the roller coaster, regardless of renal calculi volume or calyceal location, was 4 of 24 (16.67%). The overall renal calculi passage rate in the rear seating of the roller coaster, regardless of renal calculi volume or calyceal location was 23 of 36 (63.89%).

Front Seating on Roller Coaster

4.5-mm³ Renal Calculus

When starting in the lower calyx of the functional pyelocalyceal renal model, the 4.5-mm³ renal calculus passed to the ureteropelvic junction region in 1 of 3 rides. Although starting 1 time in the upper calyx and 4 times in the middle calyx, the 4.5-mm³ renal calculus never passed out of the calyx in which it was initially placed. The overall passage rate of the 4.5-mm³ renal calculus in the roller coaster's front seating was 1 of 8 rides.

13.5-mm³ Renal Calculus

When starting in the middle calyx of the functional pyelocalyceal renal model, the 13.5-mm³ volume renal calculus passed to the ureteropelvic junction region in 1 of 2 rides. Although starting 1 time in the upper calyx and 5 times in the lower calyx, this renal calculus never passed out of the calyx in which it was initially placed. The overall passage rate of the 13.5-mm³ renal calculus in the roller coaster's front seating was 1 of 8 rides.

The Journal of the American Osteopathic Association October 2016 Vol 116 No. 10 649

워팅거 박사가 요로결석과 롤러코스터의 관계에 대해 쓴 논문.

영양학상:
고인류의 식인 풍습, 이유를 밝히다

2000년대 초반, 미국 남서부에서 발굴된 고인류의 똥 화석에서 사람의 단백질이 발견됐어요. 고인류가 식인 풍습을 지녔다는 직접적인 증거였지만, 고인류가 인육을 먹었던 이유에 대해선 의견이 분분했지요.

영국 브링턴대학교 제임스 콜 교수는 인육과 다른 동물의 열량을 계산해 식인 풍습의 이유를 추론한 연구로 이그노벨상 영양학상을 받았어요. 제임스 콜 교수는 우선, 초기 구석기 시대의 남자 화석을 기준으로 각 기관의 열량을 계산했어요. 그리고 당시 사냥할 수 있었던 다른 동물과 열량을 비교했지요. 그 결과, 1kg을 기준으로 인육은 물고기와 비슷한 1300kcal에 불과했어요. 새 2500kcal, 야생돼지 4000kcal와 비교해 무척 적은 열량이지요.

제임스 콜 교수는 인육과 다른 동물의 열량 계산으로 고인류의 식인 풍습을 추론했다. © 셔터스톡

이를 바탕으로 제임스 콜 교수는 "식인 풍습은 생존을 위해서라기보다 문화적인 의미에서 진행된 일종의 의식이었을 것"이라고 추정했답니다.

화학상:
사람 침은 훌륭한 세제!

포르투갈 문화재복원연구센터의 파울라 우마오 연구원은 침으로 더러운 미술품을 닦는 효과를 밝혀내 이그노벨 화학상을 받았어요. 18세기 유화, 금박 작품, 템페라(안료와 계란을 섞은 물감으로 그린 그림) 작품에 각각 세정제로 쓰이는 크실렌, 백유와 침을 바른 뒤 세정 효과를 비교했지요. 그 결과 침이 가장 우수한 세척력을 보였답니다. 특히 다른 세정제는 미술품의 표면을 손상시킨 반면, 침은 빨간색과 파란색 표면을 제외하고 나머지에선 손상을 일으키지 않았지요.

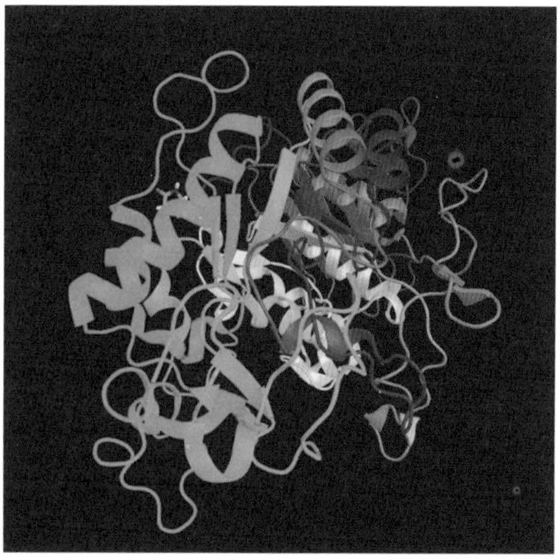
침 속에 들어 있는 소화 효소 아밀레이스. ©셔터스톡

침이 이런 우수한 세정력을 갖는 비결은 아밀레이스 때문이에요. 아밀레이스는 침 속에 들어 있는 소화 효소로, 녹말과 같은 다당류를 가수분해한답니다.

생물학상:

초파리가 빠진 와인을 감별할 수 있을까?

초파리 암컷은 페로몬을 뿜어 수컷을 유혹해요. 암컷 한 마리가 한 시간에 내뿜는 페로몬은 약 2.4ng(나노그램, 10억 분의 1g)으로, 초파리 수컷만 알아챌 수 있지요. 그런데 스웨덴 농업과학대학교 피터 위츠겔 연구원은 한 와인 전문가로부터 와인에 초파리가 빠지자 와인의 맛이 변했다는 이야기를 전해 듣게 돼요. 위츠겔은 곧장 실험해 봤지요.

초파리 암컷이 분비하는 페로몬은 와인 맛을 진하게 한다. © 셔터스톡

위츠겔은 초파리 암컷을 5분 동안 빠트린 와인과 순수한 와인을 준비했어요. 그리고 와인 전문가들에게 두 와인의 맛을 평가해 달라고 했지요. 그 결과, 와인 전문가들은 순수한 와인에 비해 암컷이 빠진 와인의 맛이 진하다고 평가했어요. 또 1ng의 초파리 페로몬을 넣은 와인 역시 진한 맛이 난다고 답했고요. 즉 초파리가 와인에 빠지면, 혹은 페로몬이 와인에 섞이면 사람이 알아차리는 거지요. 위츠겔 연구원은 이 연구로 이그노벨 생물학상을 받았답니다.

Q 확인하기

2018 노벨상 각 분야 수상자들에 대해 잘 알아봤나요? 최근에는 여성 수상자가 증가하고, 각 분야에서 2~3인이 공동으로 수상하는 경우가 많아졌는데요. 매년 어떤 과학자들이 어떤 업적으로 노벨상을 받았는지 알면 그 시대에 주목받은 중요한 학문과 사회 흐름을 알 수 있지요. 그럼 2018 노벨상에 대해 제대로 읽었는지 한번 확인해 볼까요?

01 1901년에 시작된 노벨상은 해마다 물리학, 화학, 생리의학, 경제학, 문학, 평화 총 6개 부문에서 수상되는데요. 스웨덴 화학자인 이 사람의 유언에 따라 만들어졌어요. 누구일까요?

① 알프레드 노벨
② 파블로 피카소
③ 토마스 에디슨
④ 도널드 트럼프

02 다음 중 2018 노벨 과학상을 받은 사람들을 모두 고르세요.

① 도나 스트릭랜드
② 나디아 무라드
③ 프랜시스 아널드
④ 그레고리 윈터

03 다음 중 노벨 과학상을 두 번 받은 과학자는 누구일까요?

① 아다 요나스

② 폴 로머

③ 피에르 퀴리

④ 마리 퀴리

04 해마다 피인용 건수가 높거나 학계에서 영향력이 큰 연구를 선정해 노벨상 수상자를 예측하는 미국 정보분석서비스 기업의 이름은 무엇일까요?

( )

05 다음 중 노벨 과학상에 대한 특징으로 옳은 것을 고르세요.

① 2018 노벨 물리학상에서 여성 수상자가 세 명 탄생했다.

② 최근 들어 여성 과학자 수가 줄고 있다.

③ 각 분야마다 2~3인이 공동 수상하는 경우가 증가하고 있다.

④ 노벨 과학상을 가장 많이 받은 나라는 영국이다.

06 초파리 암컷은 무엇으로 수컷을 유혹할까?

① 아밀레이스

② 날갯짓

③ 페로몬

④ 와인

07 이그노벨상에 대한 설명으로 잘못된 것을 모두 고르세요.

① 이그노벨상 시상식은 매년 노벨상이 발표되기 2주 전 미국 하버드대학교에서 열린다.

② 이그노벨상 시상식은 미국 유머과학잡지 《황당무계 연구 연보》에서 개최한다.

③ 이그노벨상을 받은 연구자 중에 노벨상 수상자는 아직 나오지 않았다.
④ 이그노벨은 '말이 안 되지만 진짜로 존재하는'이라는 뜻의 영어 단어 'Improbable Genuine'의 앞 글자와 '고귀한'이라는 뜻의 영어 단어 'noble'을 더해 만들어졌다.

08 다음 중 잘못된 말을 하는 사람을 찾으세요.
① 다니엘: 암컷 한 마리가 한 시간에 내뿜는 페로몬은 약 2.4ng이래.
② 성우: 초파리가 와인에 빠지면 사람이 알아차릴 수 있을까? 에이, 절대 알아차릴 수 없지!
③ 지훈: 오줌을 배출하는 기관인 신장, 요도, 방광에 딱딱한 돌인 '결석'이 생기는 질병을 요로결석이라고 한대.
④ 우진: 고인류의 식인 풍습은 생존을 위해서라기보다 문화적인 의미에서 진행된 일종의 의식이었을 것이라고 해.

09 환자가 옆으로 누우면 의사가 항문에 카메라가 달린 호스를 넣어 대장에 이상이 있는지 관찰하는 검사법을 무엇이라고 할까요?
( )

10 침 속에 들어 있는 소화 효소로, 녹말과 같은 다당류를 가수분해하는 효소의 이름은 무엇일까요? ( )

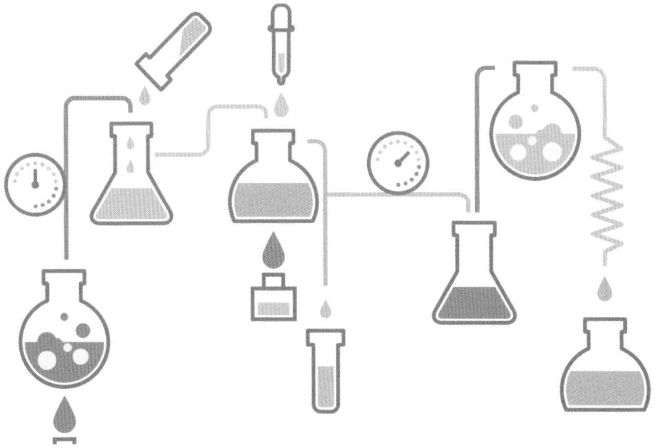

와, 벌써 다 풀었나요?
정답은 아래쪽에 있어요!

정답

1. ①
2. ①, ③, ④
3. ④
4. 클래리베이트 애널리틱스
5. ③
6. ③
7. ③, ④ 영국 맨체스터대학교 안드레 가임 교수는 이그노벨상과 노벨상을 모두 수상했다. 이그노벨은 '말이 안 되지만 진짜로 존재하는'이라는 뜻의 영어 단어 'Improbable Genuine'의 앞 글자와 '노벨'을 더해 만들어졌다.
8. ②
9. 대장내시경
10. 아밀레이스

02

2018 노벨 물리학상

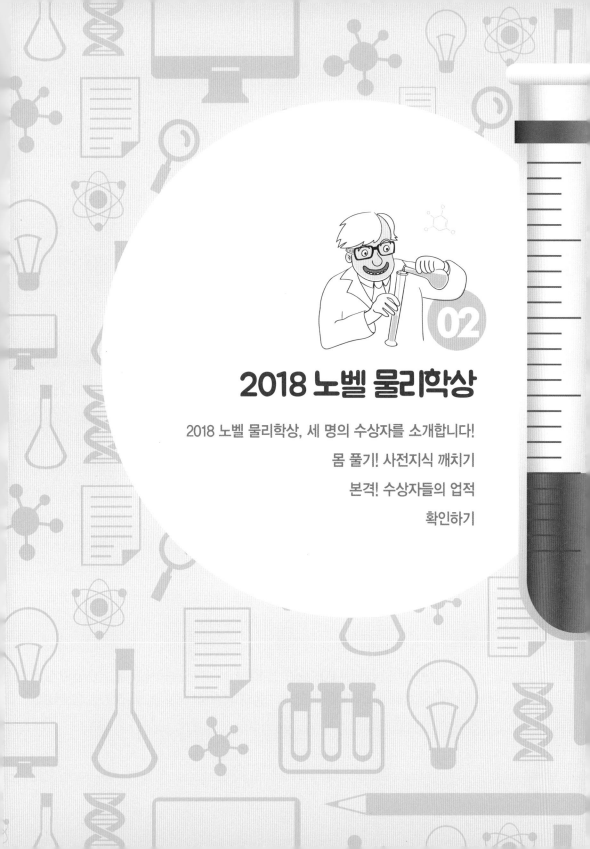

2018 노벨 물리학상, 세 명의 수상자를 소개합니다!

몸 풀기! 사전지식 깨치기

본격! 수상자들의 업적

확인하기

2018 노벨 물리학상, 세 명의 수상자를 소개합니다!
-아서 애슈킨(미국), 제라르 무루(프랑스), 도나 스트릭랜드(캐나다)

2018 노벨 물리학상은 광학 집게와 라식수술 등에 활용할 수 있도록 레이저 기술을 혁신적으로 발전시킨 세 명의 과학자들에게 돌아갔어요. 미국 벨연구소 아서 애슈킨 전 연구원, 프랑스 에콜 폴리테크니크 제라르 무루 명예교수, 캐나다 워털루대학교 도나 스트릭랜드 교수가 주인공이지요. 아서 애슈킨 박사는 빛을 도구로 작은 입자를 움직이는 광학 집게 기술을 개발해 레이저의 새로운 활용을 개척한 공로를 인정받았어요. 제라르 무루 명예교수와 도나 스트릭랜드 교수는 고출력 레이저 시대를 연 새로운 레이저 기술(CPA)을 개발한 공로를 인정받았답니다. 한편 아서 애슈킨 박사는 '최고령 노벨상 수상자'로, 도나 스트릭랜드 교수는 '55년 만의 여성 노벨 물리학상 수상자'

로 각각 화제를 모았어요.

시상식은 2018년 12월 10일 스웨덴 스톡홀름에서 열렸어요. 애슈킨 교수에게는 상금의 반인 450만 스웨덴크로네(약 5억 6200만 원)가 수여되며, 나머지는 무루 교수와 스트릭랜드 교수에게 각각 4분의 1씩 지급된답니다.

2018 노벨 물리학상 한 줄 평

"빛을 자유자재로 조종하다!"

© Nobel Media AB 2018

아서 애슈킨 (전) 미국 벨연구소 박사

- 1922년 미국 뉴욕 출생.
- 1940년 미국 콜롬비아대학교 입학.
- 1952년 미국 코넬대학교 박사 학위 받음.
- 1952~1992년 미국 벨연구소 근무.

제라르 무루 프랑스 에콜 폴리테크니크 명예교수

- 1944년 프랑스 알베르빌 출생.
- 1973년 피에르마리퀴리(파리 제6)대학교 박사 학위 받음.
- 1977년 미국 로체스터대학교 교수.
- 미국 미시간대학교 초고속 광과학센터 교수.
- 미국 미시간대학교 전기공학, 컴퓨터과학 명예교수.
- 프랑스 국립첨단기술고등대학 응용광학연구소 이사.
- 프랑스 에콜폴리테크니크 교수.
- 프랑스 국제초강력레이저센터 센터장.

© Nobel Media AB 2018

© Nobel Media AB 2018

도나 스트릭랜드 캐나다 워털루대학교 부교수

- 1959년 캐나다 궬프 출생.
- 1989년 미국 로체스터대학교 박사 학위 받음.
- 1997년 캐나다 워털루대학교 물리학과 조교수.
- 2002~ 캐나다 워털루대학교 물리천문학과 부교수.
- 2013 미국광학회 학회장.

몸 풀기! 사전지식 깨치기

빛이란 무엇인가?

빛을 만들어 보자!

"하나님이 이르시되 빛이 있으라 하시니 빛이 있었고…"

성경의 한 구절이에요. 기독교에서 빛은 창조주가 천지를 창조하면서 만들어졌어요. 그렇다면 과학에서 빛은 어떻게 만들어질까요?

스스로 빛을 내는 물체를 '광원'이라고 해요. 광원에는 태양, 백열전구, 가스레인지, 레이저 등이 있지요. 그렇다면 이런 광원들은 어떻게 빛을 낼까요?

스스로 빛을 내는 물체를 광원이라고 한다. 레이저도 광원의 일종이다. ©NASA SDO(AIA)

예를 들어 태양은 스스로 빛을 내는 천체, 즉 '별'이에요. 태양은 주로 수소로 이루어져 있는데, 중심부의 온도는 약 1500만℃이고 압력은 100억 기압에 이르러요. 이렇게 매우 높은 온도와 압력 때문에 중심부에서는 수소 원자핵 네 개가 헬륨 원자핵 한 개로 바뀌는 '핵융합 반응'이 끊임없이 일어나요. 이때 헬륨 원자핵 한 개의 질량은 수소 원자핵 4개의 질량보다 0.7% 적어요. 1g의 수소 원자핵이 헬륨 원자핵으로 바뀌면 0.007g의 차이가 발생하지요. 바로 이 질량 차이에 빛의 속도를 제곱해 곱한 만큼의 에너지가 빛으로 바뀌어 나오는 거예요. 이것이 그 유명한 앨버트 아인슈타인의 질량과 에너지의 등가 공식($E=mc^2$)이지요.

E: 에너지, m: 질량, c: 빛의 속도

이번엔 백열전구를 살펴볼까요? 백열전구가 빛을 내는 원리는 핵융합 반응을 이용하는 태양과 좀 달라요. 백열전구는 진공의 유리구 안에 텅스텐으로 된 가는 금속선을 넣어 만든 전구예요. 텅스텐에 전류가 흐르면 빛이 나오지요. 다시 말해 전기 에너지가 빛 에너지로 바뀌는 거예요.

핵융합 반응을 이용하든, 전기 에너지를 이용하든 빛을 만들기 위해 필요한 것은 '에너지'예요. 그렇다면 에너지는 어떤 과정을 통해 빛을 만들어 낼까요? 에너지를 가지고 있는 물질이 빛을 내는 과정을 이해하

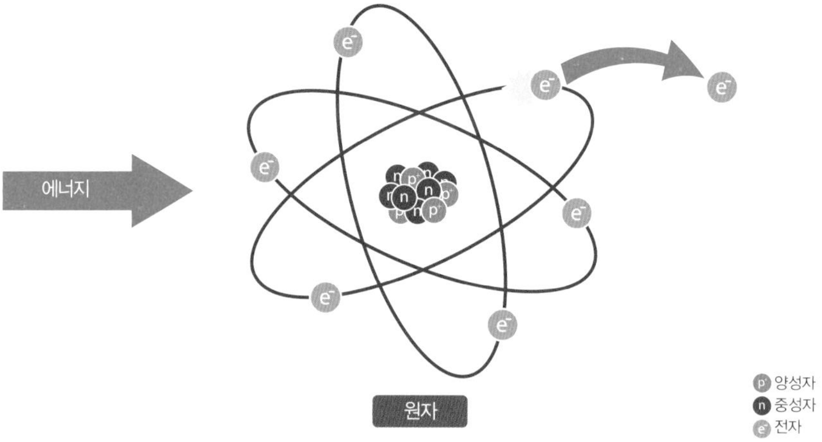

원자핵 주위를 돌고 있는 전자가 외부에서 에너지를 받으면 에너지가 높은 불안정한 상태가 된다. 전자는 에너지를 내놓고 다시 안정해지려고 한다. 이때 에너지는 빛의 형태로 나온다. © 셔터스톡

기 위해서는 물질의 구조를 알아야 해요.

이 세상 모든 물질은 원자로 이루어져 있어요. 원자는 다시 원자핵과 전자로 구성되어 있고, 원자핵은 또 양성자와 중성자로 구성되어 있지요. 물질을 이루는 이런 입자들은 정지해 있는 것이 아니라 계속 진동하고 있어요. 그러다 외부로부터 열이나 빛 등 에너지를 받으면 더 활발하게 진동을 일으켜 진동 에너지가 더 커지지요.

전자나 양성자와 같이 전기를 띤 입자가 진동하면 전자기파, 즉 빛이 발생해요. 물체의 온도에 따라 입자들의 진동수가 달라지므로 이때 나오는 빛의 색깔도 달라요. 빛은 입자 진동수에 따라 색이 달라지거든요. 용광로의 온도가 낮을 때는 붉은색으로 보이다가 온도가 높아지면 푸른색으로 보이는 것은 이 때문이에요. 이처럼 입자들의 진동으로 인해 나오는 빛을 '복사광'이라고 해요. 복사광은 여러 가지 진동수의 빛

이 모두 들어 있는 연속 스펙트럼을 이루고 있어요. 햇빛을 프리즘에 통과시키면 무지갯빛으로 분리되는 걸 본 적 있을 거예요. 우리 눈에는 그저 환한 흰빛처럼 보이지만 여러 색의 빛이 모인 거지요.

그런데 물체가 빛을 내는 또 다른 방법이 있어요. 그것은 원자핵 주위를 돌고 있는 전자들이 내는 빛이에요. 원자핵 주위를 도는 전자들은 연속적인 에너지 값을 갖는 것이 아니라, 띄엄띄엄 떨어진 에너지 값을 갖고 있어요. 이는 전자의 에너지가 미끄럼틀을 타고 내려가듯 연속적으로 이어진 것이 아니라, 마치 한 칸 한 칸 높이가 달라지는 계단처럼 불연속적이라는 뜻이지요. 또한 전자는 에너지가 낮은 안정한 상태에 있는 것을 좋아하지요. 그런데 전자가 외부에서 에너지를 받으면 에너지가 높은 불안정한 상태가 돼요. 이런 상태를 '들뜬 상태'라고 해요. 들뜬 상태의 전자를 포함하고 있는 원자를 '들뜬 원자', 들뜬 원자를 포함하고 있는 분자를 '들뜬 분자'라고 부르지요.

전자가 들뜬 상태가 되면 에너지가 커지며 불안정해져요. 불안정해진 전자는 낮은 에너지 상태로 내려와 안정해지려고 하지요. 이때 높은 에너지 상태에서 낮은 에너지 상태로 바뀌며 두 에너지 상태의 차이만큼 에너지가 방출돼요. 이 에너지가 빛의 형태로 나오는 거지요. 이때 나오는 빛은 몇 가지 진동수의 빛만으로 이루어진 선스펙트럼을 이루고 있지요. 선스펙트럼의 모습은 원소의 종류에 따라 달라요. 따라서 전자들이 내는 빛을 분석하면 물체가 어떤 원소로 이루어졌는지를 알아낼 수 있어요. 레이저는 전자가 내는 이런 빛을 이용한답니다.

과학자들은 물체가 빛을 내는 두 가지 방법을 잘 이해하고 있어요. 이를 이용해 멀리 있는 별에서 오는 빛을 분석해서 별의 온도를 알아내고, 별을 구성하고 있는 원소들을 알아낼 수도 있지요.

빛은 입자일까? 파동일까?

빛 덕분에 우리는 가족이나 친구의 얼굴도 보고, 영상을 보거나 책을 읽을 수도 있습니다. 이렇게 우리가 물체를 볼 수 있게 해 주는 빛을 '가시광선'이라고 해요. 빛은 전자기파예요. 파동의 일종이지요. 전자기파에는 가시광선 외에도 우리 눈으로는 볼 수 없는 전파, 적외선, 자외선, X선, 감마선 등이 있어요. 그런데 빛은 입자의 성질을 갖고 있기도 하지요. 대체 빛의 정체는 무엇일까요?

과학자들은 오랫동안 빛의 정체에 대해 고민해 왔어요. 빛이 마치 공과 같은 입자인지, 혹은 물결과 같은 파동인지를 두고 오랫동안 논쟁했지요.

17세기부터 18세기 초반까지 입자설은 근대 과학의 아버지라 불리는 영국 과학자 아이작 뉴턴의 지지를 받았어요. 입자는 불연속적인 단위를 가지고 특정 지점에 에너지가 집중되는 특성을 갖고 있어요. 마치 공처럼 공간의 한 점을 차지하고 있으면서 '한 개, 두 개' 셀 수 있지요. 또 어딘가 부딪히면 입자 에너지는 한 지점에 집중적으로 전달되는데, 이때 입자는 통과되거나 튕겨 나온답니다.

그러다 18세기 중반, 회절이나 간섭과 같은 빛의 새로운 성질이 발견되면서 파동설이 많은 과학자의 지지를 받기 시작했어요. 파동은 연속적이며 공간에 퍼지는 특성을 갖고 있어요. 물에 돌을 던지면 진동이 옆으로 점점 퍼져 나가는 것과 같지요. 파동이 장애물을 만나면 넓은 영역에 걸쳐 에너지를 전달하는데, 이때 파동은 장애물에 흡수되거나 반사되기도 해요.

누가 담 너머에서 "친구야!" 하고 부르면 친구의 모습이 보이지 않아도 목소리는 들을 수 있어요. 음파가 장애물과 부딪힌 뒤 진행 방향

파동에 의해 나타나는 수면파. © 셔터스톡

이 바뀌어 장애물 뒤쪽에 있던 사람의 귀에까지 들어온 거지요. 이렇게 파동이 장애물 뒤쪽으로 돌아 들어가는 현상을 '회절'이라고 해요. 빛도 마찬가지예요. 빛이 통과하는 틈이 아주 좁을 경우 빛도 회절 현상이 나타나지요.

한편, 태양빛에 반사된 비눗방울이 무지개색으로 일렁이는 걸 본 적 있을 거예요. 이는 빛의 간섭 현상 때문이에요. 비눗방울의 바깥쪽 막에서 반사된 빛과 막을 통과한 뒤 안쪽 막에서 반사된 빛이 합쳐져 생기는 현상이지요. 이렇게 두 개 이상의 파동이 만나 서로 합쳐지며 진폭이 뚜렷하게 커지거나 작아지는 현상을 '간섭'이라고 해요.

19세기 초 영국의 과학자 토머스 영은 '이중 슬릿 실험'을 통해 빛의 간섭과 회절 현상을 설명하며 빛의 파동성을 입증했답니다.

이렇게 파동설의 승리로 막을 내릴 줄 알았죠? 하지만 끝난 줄 알았

태양빛에 반사된 비눗방울에 무지개색이 일렁이고 있다. ©셔터스톡

던 논쟁은 새로운 국면을 맞이하게 됩니다.

빛은 짬짜면? 빛의 이중성

1905년 아인슈타인은 세 편의 논문을 발표했어요. 그중 하나가 광전효과를 설명하는 논문이지요. 광전효과란 금속에 빛을 쬐면 금속으로부터 전자가 튀어나오는 현상이에요. 이때 튀어나오는 전자를 광전자라고 하지요. 그런데 광전효과에는 한 가지 풀리지 않는 의문이 있었어요.

광전자의 에너지가 빛의 세기와는 관계없고 쪼여 준 빛의 종류에 의해서만 결정된다는 점이었어요. 파동설에 따르면 강한 빛을 쪼여 주면 큰 에너지를 가진 전자가 나와야 해요. 그러나 광전자의 에너지는 빛을 세게 쪼여도 변하지 않았지요. 하지만 빨간 빛을 비출 때보다 보라색 빛을 비추면 더 큰 에너지를 가진 광전자가 나왔어요. 많은 사람이 이

아이작 뉴턴 VS 크리스티안 하위헌스

아이작 뉴턴.

빛이 입자인지, 파동인지를 두고 처음 논쟁을 벌인 건, 근대 과학의 아버지라 불리는 영국의 아이작 뉴턴과 네덜란드의 과학자 크리스티안 하위헌스입니다. 뉴턴은 빛의 입자설을, 하위헌스는 파동설을 각각 주장했지요.

뉴턴은 빛이 눈에 보이지 않는 작은 입자의 흐름이라고 주장했어요. 그는 빛이 쭉 직진을 하다가 장애물을 만나면 그림자가 생기는 걸 보고 조그만 빛의 입자가 물체에 부딪히는 거라고 생각했어요. 그리고 확신에 차 '하위헌스가 틀렸다. 빛은 아주 작은 입자들이 계속 지나가는 것이다'라는 내용을 담은 책도 썼답니다.

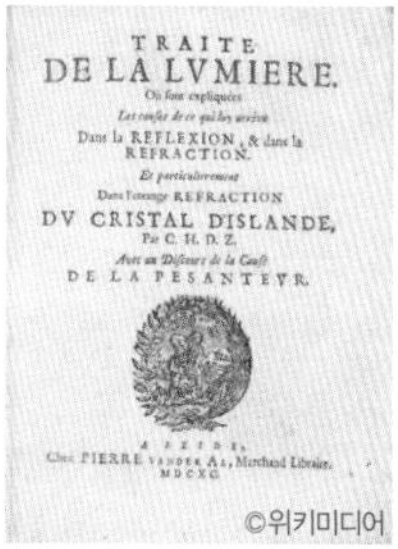

하위헌스가 출간한 논문 〈빛에 관한 논고〉(1690).

한편 빛의 파동성을 주장한 하위헌스는 〈빛에 관한 논고〉(1690)라는 논문에서 '빛은 파동이고, 매질은 에테르'라고 썼습니다. 우주에 에테르라는 가상의 물질이 퍼져 있어 빛이 에테르를 통해 전파된다고 주장했지요. 매질이란 파동을 전달시키는 물질이에요. 예를 들어 물결파는 물을 통해, 지진파는 지각을 통해, 음파는 공기나 물 등을 통해 전파되지요. 따라서 빛이 파동이라면 매질이 있어야 돼요. 하지만 하위헌스는 물이나 공기처럼 빛을 전파시키는 매질을 찾지 못했지요. 그러자 에테르라는 가상의 물질을 매질로 내세운 거예요. 누군가 에테르의 정체를 밝혀 주길 바라면서요. 하지만 17세기 당시 뉴턴은 하위헌스와는 비교도 안 되는 명망 있는 과학자였어요. 뉴턴의 권위에 힘입어 빛의 입자설은 오랫동안 정설로 받아들여졌지요.

크리스티안 하위헌스.

100년 넘게 뉴턴의 그늘에 가려져 있던 하위헌스의 파동설은 19세기 초 영국의 과학자 토머스 영 덕분에 힘을 얻습니다. 토마스 영은 '이중 슬릿 실험'을 통해 빛의 간섭과 회절 현상을 설명하며 빛의 파동성을 입증하지요. 19세기 말 미국의 물리학자 마이컬슨과 몰리는 에테르의 존재를 확인하기 위해 실험을 해요. 실험 결과 에테르는 존재하지 않는다는 사실이 밝혀지고, 이후 빛은 매질이 없어도 진공에서 전파된다는 것이 밝혀집니다.

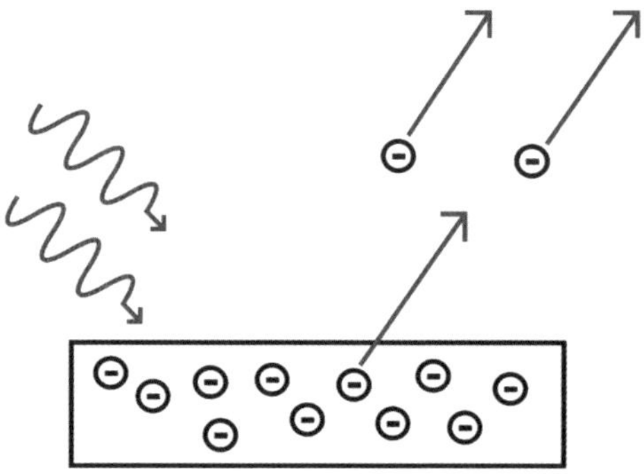

금속에 빛을 쬐면 전자가 튀어나오는 광전효과 © 위키미디어

런 현상을 설명하려고 노력했지만 실패했답니다.

그러다 아인슈타인이 광전효과에 대해 설명한 논문을 발표한 거예요. 아인슈타인은 빛이 파동이 아니라 빛 알갱이(입자)로 전자와 충돌한다고 생각하고 문제를 풀었답니다.

"빛은 진동수에 비례하는 에너지를 가진 입자로 구성돼 있다."

이를 '광양자설'이라고 해요. 광양자설에 의하면 빨간 빛은 에너지가 작은 빛 알갱이들이고, 보라색 빛은 큰 에너지를 갖는 빛 알갱이들이에요. '강한 빛'이라는 것은 '빛 알갱이의 수가 많다'는 뜻이고요. 빛 알갱이와 전자는 1 대 1로 충돌하므로 빛 알갱이의 수보다는 빛 알갱이 하나의 에너지가 전자의 에너지를 결정한다는 것이지요.

그렇다고 빛이 가지고 있던 파동의 성질이 없어진 것은 아니었어요. 광전효과에서는 빛이 입자로 행동하지만 간섭이나 회절에서는 파동으로 행동하거든요. 따라서 빛은 입자와 파동의 성질을 모두 갖는다는 것을 알게 되었어요. 아인슈타인은 광전효과를 통해 이론물리학 발전에 공헌한 것을 인정받아 1921년 노벨 물리학상을 수상합니다.

결국 현재는 빛이 입자와 파동 두 가지 성질을 다 갖고 있다는 '빛의 이중성'이 사실로 받아들여지고 있어요. 과학자들은 빛이 너무나도 다른 두 가지 성질을 한 몸에 지니고 있다는 사실을 받아들이기 힘들었지만, 실험을 통해 확인된 사실을 인정할 수밖에 없었지요. 그렇다고 빛이 입자와 파동으로 동시에 행동할 수는 없어요. 어떤 때는 파동처럼 행동하고, 어떤 때는 입자처럼 행동할 뿐이지요. 영국의 물리학자 윌리엄 브래그 경은 "물리학자들은 월, 수, 금요일에는 빛의 파동성을, 화, 목, 토요일에는 빛의 입자설을 사용한다"는 재밌는 농담을 하기도 했답니다.

빛의 이중성을 밝혀낸 아인슈타인.

레이저의 시작은 아인슈타인으로부터

이제 본격적으로 '레이저'에 대해 알아봅시다. 레이저를 만들기 위한 중요한 이론적 배경을 만든 과학자는 아인슈타인입니다. 또 아인슈타인이 등장했네요.

광전효과를 발표한 지 12년이 지난 1917년, 아인슈타인은 이번엔 '유도 방출 이론'을 발표합니다. 그는 1917년 빛의 입자성과 파동성을 함께 설명하기 위해 한 논문을 썼어요. 그리고 빛의 '자연 방출'과는 다른 '유도 방출'에 대해 처음으로 설명하지요.

앞서 물질이 빛을 내는 두 가지 방법에 대해 이야기했어요. 하나는 물질을 구성하는 입자들의 열운동에 의해 나오는 빛이고, 다른 하나는 원자핵 주위를 돌고 있는 전자들에 의해 나오는 빛이었어요. 그런데 전자에 의해 나오는 빛은 다시 두 가지로 나눌 수 있어요. 하나는 '자연 방출'이에요. 불안정한 에너지 상태에 있는 물질은 빛을 내보내고 안정된 상태로 돌아가려고 해요. 자연적인 현상이라 '자연 방출'이라고 하지요. 이때 빛은 무작위 방향으로 나온답니다.

두 번째 방법은 아인슈타인이 밝힌 유도 방출이에요. 아인슈타인은 "높은 에너지 상태(준위)에 있는 전자가 외부의 빛(광자)을 만나면, (이와 동일한 위상과 파장을 지닌) 빛을 방출하면서 낮은 에너지 상태로 돌아간다"고 설명했어요. 유도 방출이 일어날 때는 외부에서 쪼여 준 빛과 같은 진동수의 빛이 같은 방향으로 방출되지요. 따라서 유도 방출에서는 큰 에너지를 가진 한 가지 빛을 얻을 수 있어요. 들어온 빛과 똑같은 빛이 방출돼 합해지기 때문이지요. 이를 '빛이 증폭됐다'고 해요.

레이저는 '유도 방출에 의해 증폭된 빛'이란 뜻이에요. 즉 아인슈타

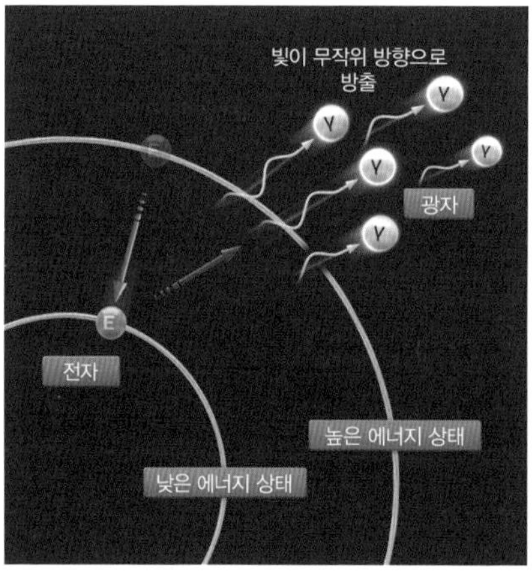

자연 방출

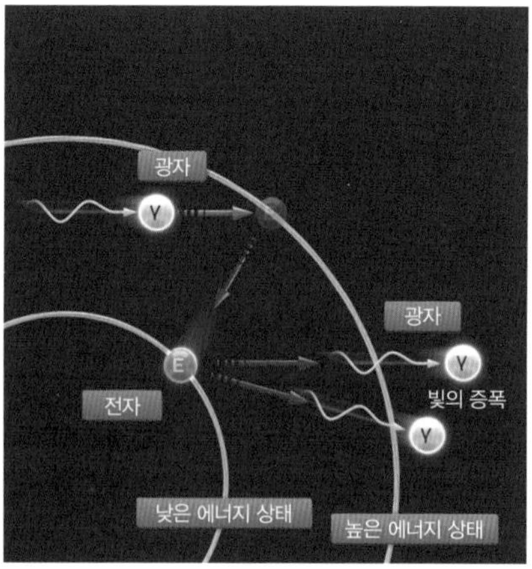

유도 방출

'유도 방출에 의해 증폭된 빛'이란 뜻을 지닌 레이저. ⓒ셔터스톡

인이 유도 방출 현상을 밝히지 않았다면 레이저의 탄생은 한참 뒤로 미뤄질 수밖에 없었을 거예요. 레이저는 아인슈타인이 이론을 발표한 뒤 40여 년이 지나 개발되었답니다.

레이저의 시조, 메이저 탄생

아인슈타인의 이론대로 '유도 방출에 의해 빛이 증폭'되려면 높은 에너지 상태의 전자들이 낮은 에너지 상태의 전자들보다 많아야 해요. 그래야 외부의 빛 에너지가 높은 에너지 상태에 있는 전자를 만날 가능성이 높아지지요.

하지만 전자는 높은 에너지 상태에 매우 짧은 순간 동안만 머물러요. 그래서 높은 에너지 상태(들뜬 상태)에 있는 전자들의 수는 낮은 에너지 상태(바닥 상태)에 있는 전자들에 비해 매우 적지요.

따라서 낮은 에너지 상태에 있는 전자들을 높은 에너지 상태로 끌어올리는 과정이 필요해요. 전자에 에너지를 가해 높은 에너지 상태의 전자들의 수가 낮은 에너지 상태의 전자들보다 많아지는 '밀도 반전'을

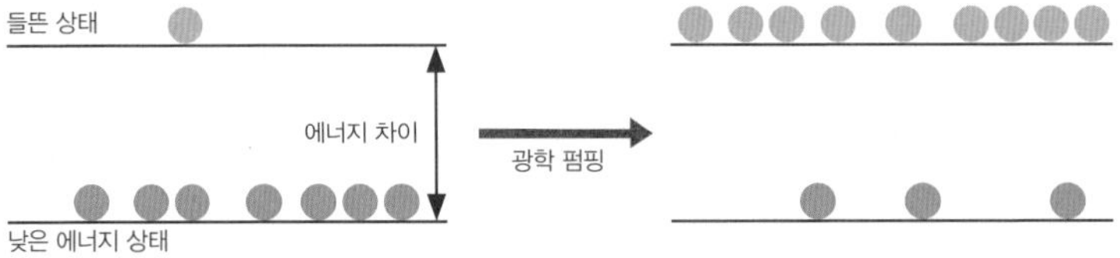

평형 상태 **밀도 반전**

일으켜야 하지요. 이를 '펌핑'이라고 해요. 빛을 이용해 밀도 반전 상태를 만드는 것을 '광학 펌핑'이라고 하지요.

제2차 세계대전 이후, 미국 국방부에서는 극초단파 레이더를 개발하는 데 관심을 갖습니다. 파장이 매우 짧으면 적을 찾거나 추격할 수 있는 레이더의 감도를 높일 수 있다고 생각했거든요. '극초단파'란 파장의 범위가 1mm에서 1m 사이인 전자기파를 말해요. 마이크로파라고도 불리며, 파장이 짧아 직진성, 반사, 굴절 등 빛과 비슷한 성질을 가지고 있어요.

미국 컬럼비아대학교의 물리학자 찰스 타운스 교수는 미국 국방부

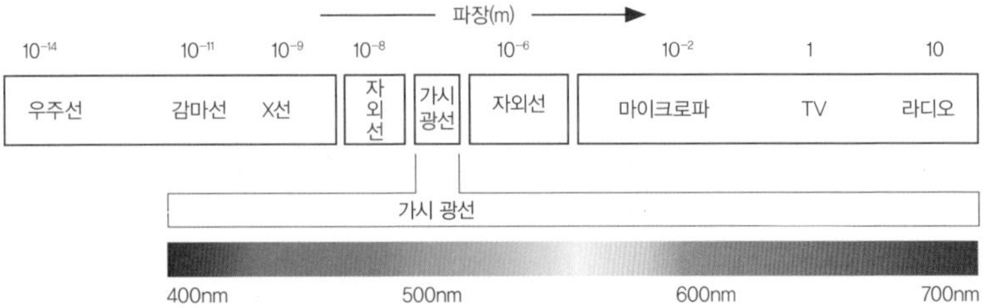

전자기파

의 요청을 받아 극초단파 개발에 나섭니다. 극초단파를 이용해 분자와 원자의 내부 구조를 좀 더 정밀하게 들여다볼 수 있을 것이라고 생각했기 때문이지요. 1951년 타운스 교수는 분자들이 외부로부터 전자기파를 흡수하면, 들뜬 분자들이 흡수한 전자기파와 똑같은 파를 발생시킬 수 있다는 유도 방출 이론을 떠올립니다. 그리고 극초단파를 암모니아 기체에 쪼이는 연구를 진행하지요.

연구팀이 암모니아 기체에 극초단파를 충돌시키자, 분자 일부가 들뜬 상태가 됐어요. 그다음 남은 분자들도 모두 들뜬 상태로 만들기 위해 전기장 장치에 통과시켰어요. 그렇게 대부분의 분자를 들뜬 상태로 만들었지요. 분자 안에 들어 있는 전자들이 낮은 에너지 상태보다 높은 에너지 상태에 더 많이 가 있는 '밀도 반전'을 일으킨 거예요.

암모니아 분자는 높은 에너지 상태에서 낮은 에너지 상태로 내려오며 1.25cm의 마이크로파를 내놓아요. 타운스 교수는 암모니아 분자가 높은 에너지 상태에서 낮은 에너지 상태로 내려올 때 이 마이크로파를 흡수하면, 다시 높은 에너지 상태로 올라갔다가 내려오면서 처음보다 더 강력한 마이크로파를 방출시킬 것이라고 생각했지요.

하지만 실험은 좀처럼 성공하지 못하고 2년이 흘러요. 그리고 드디어 1953년 겨울, 타운스 교수팀은 결국 유도 방출로 인해 마이크로파가 증폭되는 과정을 관측하는 데 성공해요. 그리고 1954년 5월 1일, 마침내 자신들이 만든 장비가 마이크로파 증폭에 성공했음을 발표하지요. 타운스 교수팀은 이 장비에 '유도 방출에 의한 마이크로파 증폭(Microwave Amplification by the Stimulated Emission of Radiation)'의 첫 글자를 따서 '메이저(MASER)'라는 이름을 붙입니다.

한편 같은 시기에 러시아의 물리학자 니콜라이 바소프와 알렉산드

찰스 타운스 교수가 개발한 첫 번째 메이저. © 위키미디어

로 프로호로프도 암모니아 메이저를 개발하는 데 성공해요. 메이저 개발에 기여한 타운스 교수와 바소프, 프로호로프 박사는 1964년 공동으로 노벨 물리학상을 수상하지요.

이후 메이저는 최초의 원자시계인 암모니아-메이저 시계에 활용됐어요. 이 시계는 오차가 수만 년에 1초밖에 나지 않지요. 또 메이저는 잡음이 거의 없고 마이크로파를 증폭시킬 수 있어 장거리 통신이나 우주에서 오는 마이크로파를 포착하는 데도 이용됐어요.

한편, 타운스 교수팀은 메이저를 활용해 우리 은하 중심에 있는 블랙홀의 질량을 첫 번째로 측정할 수 있었고, 우주 공간에 있는 복잡한 분자를 관측하는 데도 성공했어요.

무엇보다 메이저는 전자파 대신 가시광선이나 적외선, 자외선을 사용하는 레이저로 발전했답니다.

'레이저', 이름의 탄생

1954년 메이저가 성공했다는 소식이 전해지자 과학자들은 이제 마이크로파보다 파장이 짧고 주파수가 큰 가시광선을 증폭시키는 장치를 꿈꾸게 돼요. 타운스 교수는 매제인 미국 벨연구소의 과학자 아서 숄로와 함께 가시광선과 적외선 영역에서도 유도 방출에 의한 빛의 증폭이 가능한지 연구했어요.

한편 비슷한 시기에 미국 컬럼비아대학교 대학원생인 고든 굴드도 광학 펌핑을 이용한 빛 유도 방출에 대해 연구하고 있었어요. 그는 칼륨 증기를 채운 투명한 튜브에 밝은 빛으로 칼륨 원자를 들뜨게 한 뒤, 튜브 양 끝에 평행 거울을 달면 빛을 증폭시킬 수 있다고 생각했어요. 그리고 평행 거울을 잘 조정해 빛을 한 점에 모으면 강력한 에너지를 지닌 빛을 만들 수 있다고 생각했지요. 고든은 1959년 6월, 한 회의에서 자신의 생각을 발표하며 '유도 방출에 의한 빛의 증폭(Light Amplification by Stimulated Emission of Radiation)', 즉 레이저(LASER)라는 이름을 탄생시킵니다.

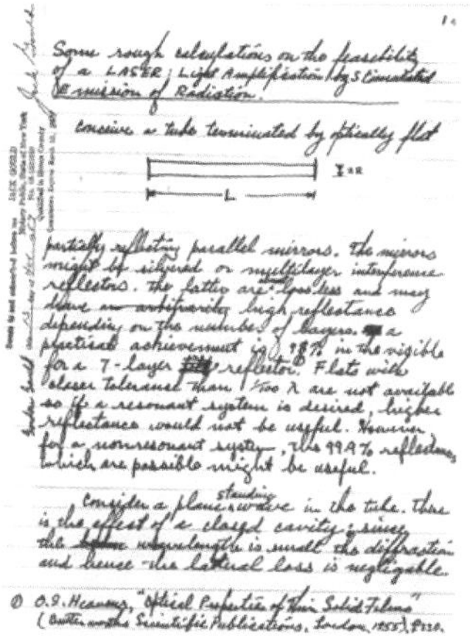

레이저라는 이름을 탄생시킨 고든 굴드의 연구 노트. © 위키미디어

세계 최초의 루비 레이저 탄생

1960년 5월 16일, 미국 휴즈연구소의 실험실에서 인류 최초의 레이저가 붉은 빛을 발했어요. 타운스 교수도, 고든 굴드 연구원도 아닌 휴즈연구소의 물리학자 시어도어 메이먼 박사가 루비 결정을 써서 레이저를 개발하는 데 성공한 거죠. 이 레이저는 길이가 2cm, 지름이 1cm밖에 되지 않았어요. 레이저가 빛을 발한 시간은 200만 분의 1~300만 분의 1초 정도로 지극히 짧았지만 출력은 약 1만 W(와트·1초 동안 소비하는 전력 에너지)에 달했지요.

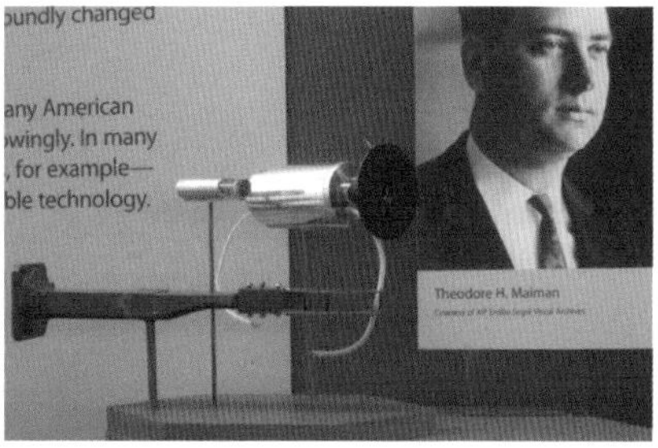

인류 최초로 개발된 루비 레이저. © 위키미디어

레이저의 탄생으로 인류는 빛으로 만든 새로운 도구를 얻게 됐답니다.

레이저 빛은 어떻게 나올까?

레이저 빛이 나오기 위해서는 빛의 세기를 증폭시키는 공진기라는 장치가 필요해요. 레이저 발진장치는 가늘고 긴 공진기 양쪽에 거울을 달고 있는 형태예요. 그사이에 레이저 매질이 들어 있는데, 고체, 액체, 기체, 반도체 등 30가지가 넘는 종류가 있지요.

공진기의 가장 간단한 모양은 두 개의 거울이 마주 보는 모습이에요. 외부에서 레이저 매질에 에너지를 가하면 매질을 이루고 있는 원자들에서 밀도 반전이 일어나지요. 밀도 반전이 일어난 매질에 외부에서 일정한 파장의 빛을 비추면 유도 방출이 일어나는데, 유도 방출에 의해 방출된 빛이 공진기에 달려 있는 두 개의 거울 사이를 왕복하면서 점점 더 많은 유도 방출을 만들어내요. 그렇게 되면 들어간 빛(입사파)과 반사된 빛(반사파)이 더해져 일정한 진동수를 갖는 증폭된 빛이 만들어져요. 그 결과 강력한 레이저 빛이 나오지요.

한 번의 유도 방출로는 강력한 레이저 빛이 나올 수 없지만 공진기

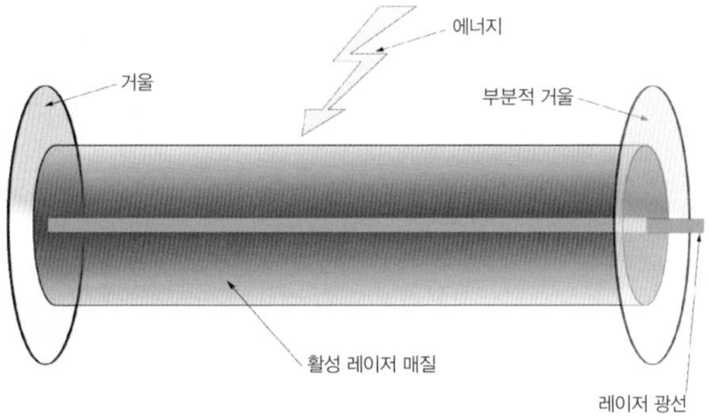

레이저 발진장치의 구조 ©위키미디어

레이저의 특징

레이저는 보통의 빛과 다른 특징이 있어요. 강력한 세기, 단색성, 직진성, 간섭성을 갖고 있지요.

강력한 세기

레이저는 아주 강력해요. 태양보다도 밝은 빛을 내뿜지요. 태양 표면에서는 1cm²당 약 7천W의 에너지를 내뿜어요. 레이저 빛은 1cm²에 10억W가 넘는 에너지를 담고 있지요.

단색성

레이저는 한 가지 색깔만 내요. 이를 '단색성'이라고 해요. 햇빛을 프리즘에 통과시키면 무지개색의 스펙트럼이 생겨요. 이렇게 모든 파장의 빛을 지니고 있으면 그 빛은 희고 밝게 보이는데, 이를 '백색광'이라고 해요. 한편, 레이저 빛은 한 가지 색깔(단색광)로 된 빛을 내뿜어요. 즉 한 가지 파장의 빛으로만 이루어져 있지요. 이를 이용하면 레이저로 암세포만 선택적으로 죽이는 등 의료용, 산업용 등으로 활용할 수 있어요.

© 위키미디어
백색광을 분해하는 프리즘.

직진성

사방으로 퍼지는 햇빛이나 전등과 달리 레이저는 퍼지지 않고 가느다란 빛으로 아주 멀리까지 직진해요. 레이저 빛이 퍼지지 않으니 에너지가 낭비되지 않고 멀리까지 나아가는 거예요. 반대로 전등 빛은 쉽게 퍼지기 때문에 전구에서 멀어지면 빛의 세기가 급격히 줄어든답니다.

1969년 아폴로 11호가 달에 내렸을 때 우주인들은 달에 100% 반사율을 갖는 특수한 레이저 반사경을 설치했어요. 과학자들은 달에 설치된 반사경에 레이저를 쏴 수시로 달까지의 거리를 잰답니다.

아폴로 11호가 달에 두고 온 레이저 반사경. ©NASA

간섭성

서로 다른 빛이 만나 빛의 세기가 더 세지거나 약해지는 것을 '간섭'이라고 해요. 그런데 간섭은 파장이 같은 빛들 사이에서 가장 잘 나타나요. 레이저는 모두 같은 파장의 빛들로 이루어져 있어 간섭 현상이 아주 잘 나타나요. 따라서 레이저는 '간섭성이 크다'고 하지요.

반면 여러 파장의 빛이 섞여 있는 전등 빛이나 햇빛은 간섭 현상이 잘 나타나지 않아요. 이를 '간섭성이 작다'고 하지요.

에서 빛이 왕복하면서 여러 번 유도 방출을 일으켜 큰 에너지를 가지는 레이저를 만들어 낼 수 있는 거예요. 다시 말해 공진기에서 빛을 증폭시켰기 때문에 레이저가 나오는 거지요.

레이저, 어디에 활용될까?

흔히 레이저라고 하면 SF 영화에 나오는 레이저 광선검을 떠올리곤 해요. 하지만 레이저는 SF 영화보다 실생활에 더 가까워요. 이미 마트, 병원, 공장 등 곳곳에서 활용되고 있거든요. 먼저, 마트에서 물건을 살 때 찍는 바코드나 음악을 들을 때 쓰는 CD플레이어 등은 레이저를 이용해 정보를 읽어요. 또 레이저 프린터, 광통신, 의료용 레이저, 산업용 레이저 등에도 레이저가 쓰여요. 레이저로 아주 좁은 부위를 정밀하게 자르거나, 강력한 에너지를 집중해 순간적으로 물질을 녹이거나 증발시키는 현상을 이용하는 거지요. 그리고 불필요한 세포를 순식간에 태우거나 금속, 플라스틱, 나무 등을 자르는 데도 활용할 수 있답니다.

명화의 얼룩을 지워 미술품을 복원하거나 과일에 이름이나 원산지 등을 새기는 데도 레이저가 활용되고 있어요. 더 나아가 우주에서 태양 에너지를 모아 레이저로 지구까지 쏘아 보내겠다는 계획에도 활용될 정도로, 레이저는 다양한 분야에서 쓰이고 있답니다.

유럽남방천문대에서 레이저 유도 인공별을 연구하기 위해 대기층으로 레이저를 쏘았다가 번개와 만나는 놀라운 장면.

본격! 수상자들의 업적 1:

빛을 잡아라! 광학 집게

입자가 빛에 이끌린다?

거대한 우주선이 날아 와 허공에서 머리 위로 환한 빛을 쏩니다. 어리둥절한 표정으로 우주선을 올려다보던 사람이 천천히 빛에 이끌려 허공에 떠올라 우주선 안으로 빨려 들어가지요.

외계 생명체가 등장하는 SF 영화에서 한 번쯤 본 적 있는 장면일 거예요. 영화에서나 볼 법한 허황된 이야기 같지만, 사실 빛으로 물체를 당기거나 밀 수 있는 '광학 집게' 기술은 이미 다양한 연구 분야에서 활용되고 있는 과학 기술이에요.

빛으로 물체를 당기거나 밀 수 있는 광학 집게 기술을 응용한 장면.

광학 집게를 만든 아서 애슈킨 박사. ©미국광학회

과학자가 DNA의 특징을 들여다보기 위해 광학 집게를 사용하는 모습. ©US Department of Energy

바로 2018 노벨 물리학상을 수상한 아서 애슈킨 박사 덕분이지요. 애슈킨 박사는 '광학 집게'를 만든 공로를 인정받아 2018년 수상 업적의 반을 인정받았어요. 광학 집게는 말 그대로 빛으로 만든 집게예요. 레이저 빛을 이용해 눈에 보이지 않을 만큼 작은 입자, 즉 원자, 분자, 바이러스, 살아 있는 세포 등을 잡아 움직일 수 있지요.

1970년, 애슈킨 박사는 빛의 힘을 측정하는 실험을 하다가 빛으로 작은 입자를 잡는 방법을 찾아냈어요. 처음 실험을 할 때는 작은 입자에 빛을 쏜 뒤, 입자가 가속하는 정도를 측정해 빛의 힘을 재려고 했어요. 작은 입자를 맞추기 위해 레이저를 쏘다가, 레이저의 중심(초점) 쪽으로 작은 입자들이 모여드는 걸 발견했어요. 초점의 위치를 바꾸자 초점에 모였던 입자들도 함께 움직였지요.

이렇게 레이저의 초점으로 입자들이 몰려드는 건 광압 때문이에요. 빛이 물체에 부딪히거나 반사하게 되면, 물체의 표면이 압력을 받아요. 이를 '광압'이라고 하지요.

빛은 파동(전자기파)이자 입자(광자)의 성질을 지니고 있어요. 과학자들은 광압이 발생하는 원인에 대해 광자가 물체에 충돌할 때 주는 압력 때문이라고 보기도 하고, 파동이 갖는 에너지

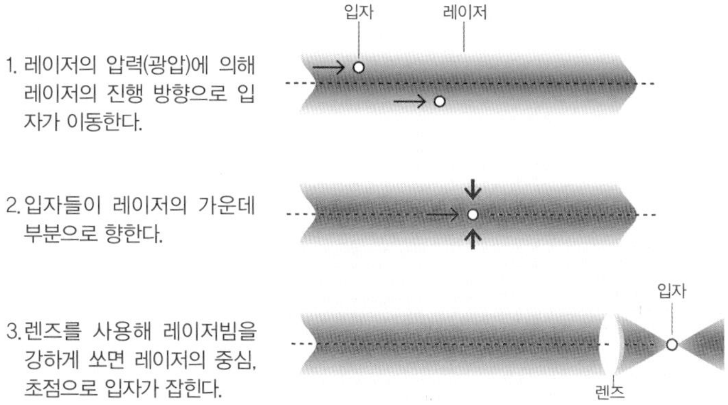

입자
레이저
1. 레이저의 압력(광압)에 의해 레이저의 진행 방향으로 입자가 이동한다.
2. 입자들이 레이저의 가운데 부분으로 향한다.
입자
3. 렌즈를 사용해 레이저빔을 강하게 쏘면 레이저의 중심, 초점으로 입자가 잡힌다.
렌즈

광학 집게의 원리 ©노벨위원회

가 전해지기 때문이라고 보기도 하지요. 광자는 질량은 없지만 에너지와 운동량을 지니고 있어요. 그래서 어딘가 부딪히거나 반사하게 되면 에너지와 운동량을 전달해 광압이 발생하는 거지요.

즉 레이저 빔을 초점에 모으면 마치 자석에 철가루가 이끌리듯 광압에 의해 입자들이 초점으로 모이는 거예요. 초점의 위치를 옮기면 물체도 따라 움직이니, 빛을 이용해 입자를 움직일 수 있지요.

레이저로 살아 있는 세균을 잡아라!

애슈킨 박사는 이후 광학 집게를 좀 더 쉽게 만들기 위해 연구를 계속해요. 16년 뒤인 1986년, 레이저 빔으로 작은 시료를 원하는 시간만큼 자세히 관찰할 수 있는 광학 집게를 만드는 데 성공해요. 그리고 적혈구와 바이러스, 살아 있는 세균을 잡는 데 성공하지요.

광학 집게는 거의 모든 광학현미경에 활용할 수 있어서 현미경으로 입자를 관찰하면서 동시에 자유자재로 움직일 수도 있어요. 작은 입자나 세포에 레이저를 쬐어 마음대로 움직이다가, 레이저를 꺼 원하는 장소에 떨어뜨리면 될 정도로 사용법이 간단하지요. 광학 집게 덕분에 DNA의 특성이나 분자들 사이의 결합을 더욱 자세히 들여다볼 수 있게 됐어요. 이제 광학 집게는 생물학 연구에 널리 활용되고 있답니다.

국내 연구진, 광학 집게 신기술 개발

기존의 광학 집게는 물체의 모양이 복잡하면 물체를 안정적으로 잡기 어려운 한계가 있었어요. 그래서 살아 있는 세포처럼 복잡한 3차원 모양을 가진 물체를 빛으로 제어하기 어려웠지요.

KAIST 물리학과 박용근 교수팀은 세포와 같이 복잡한 3차원 물체도 빛을 통해 자유자재로 제어할 수 있는 홀로그래피 기술을 개발했어요. 연구팀은 빛과 물체의 모양이 같아질 때 복잡한 모양의 물체도 안정적으로 잡을 수 있다는 사실을 알아냈어요. 그리고 3차원 홀로그래픽 현미경을 이용해 물체의 3차원 정보를 측정한 뒤, 그 정보를 바탕으로 물체를 제어할 수 있는 빛을 계산해 냈어요. 그 뒤 적혈구 세포와 대장암 세포에 빛을 쏘아 원하는 대로 움직이는 데 성공했지요. 이 연구는 생물물리학 및 나노 물체 조립 등 다양한 분야에 응용할 수 있을 것으로 기대되고 있답니다.

태양빛으로 날아가는 우주선

베르나르 베르베르의 소설 《파피용》을 보면 태양돛을 달고 여행하는 우주선이 나와요. 또, 영화 〈스타트렉〉이나 〈에어리언: 커버넌트〉 등에서도 태양빛을 받아 날아가는 우주선이 나오지요. 이렇듯 태양빛에 의해 날아가는 우주선은 SF 영화에 자주 나오는 단골 소재 중 하나예요.

그런데 태양빛을 받아 날아가는 우주선은 단순히 상상 속 이야기가 아니에요. 미국항공우주국(NASA), 일본 우주항공연구개발기구(JAXA) 등 주요 우주 선진국에서 이미 개발하고 있는 과학기술이지요. 태양빛으로 날아가는 우주선의 주요 동력은 광압이에요. 커다란 돛이 태양빛을 받으면 광자들이 부딪히며 광압이 발생해 앞으로 나아갈 수 있지요. 그럼 기존의 우주탐사선들에 비해 더 적은 연료로, 더 멀리, 더 빨리 움직일 수 있는 거예요.

1976년 미국항공우주국은 태양빛을 이용한 우주선에 대해 연구를 시작했어요. 연구 결과 태양빛이 충분히 강력하고 돛의 크기가 거대하다면, 광압을 이용한 우주 항해가 가능하다는 사실을 밝혔지요. 일본 우주항공연구개발기구는 2010년 5월, 태양빛을 이용해 나아가는 우주선 '이카로스'를 발사해, 인류 최초로 태양 범선을 추진하는 데 성공했어요. 한 변의 길이 약 20m, 두께 0.0075mm에 불과한 정사각형 모양의 태양돛을 단 이카로스는 태양빛이 돛에 부딪힐 때 생기는 광압으로 날아갔지요. 이카로스는 발사 약 7개월 뒤 금성에 도착했으며, 이후 금성을 지나 태양 주변을 돌고 있답니다.

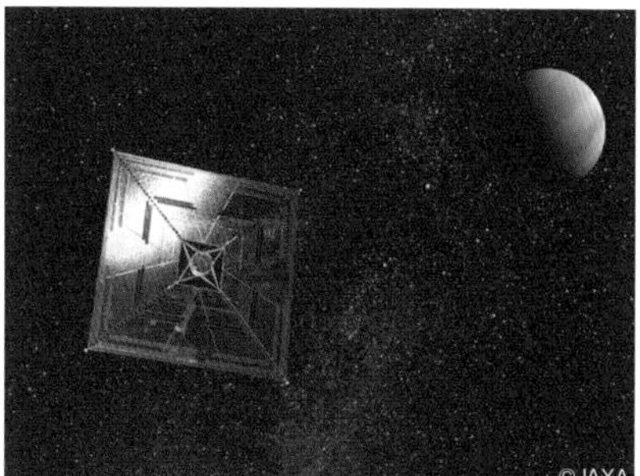

태양빛을 이용해 나아가는 우주선 이카로스의 상상도.

본격! 수상자들의 업적 2:

고출력 레이저 시대를 열다! 처프 펄스 증폭(CPA)

레이저는 사방으로 퍼지지 않고 한 방향으로만 직진하는 빛이에요. 이젠 너무 많이 들어서 익숙하죠? 레이저에는 두 가지 방식이 있어요. 하나는 빛을 연속적으로 내보내는 연속파 방식이고, 다른 하나는 빛을 일정한 주기로 끊어서 내보내는 '펄스 레이저' 방식이에요.

제라르 무루 교수.

무루 교수와 스트릭랜드 교수는 '처프 펄스 증폭(CPA · chirped pulse amplification)'이라고 불리는 고출력 레이저 기술을 개발한 공로로 노벨 물리학상을 받았어요. 두 사람은 2018 노벨 물리학상 수상 업적의 반을 인정받았지요.

펄스 레이저는 짧은 시간에 순간적으로 빛을 내보내기 때문에 높은 에너지(첨두 출력 · peak power)를 낼 수 있어요. 마치 댐에 물을 일정 시간 동안 모았다가 한꺼번에 내보내면 순간적으로 많은 물이 쏟아지며 큰 힘을 발휘하는 것과 같은 원리지요.

도나 스트릭랜드 교수.

과학자들은 오랫동안 레이저의 세기를 높이기 위해 연구해 왔어요. 하지만 단순히 레이저의 출력을 높였다간 레이저 증폭기 속에 들어 있는 매질이나 반사 거울, 렌즈 등이 손상되고 말았지요. 레이저의 세기를 높이는 데 한계에 부딪힌 과학자들은 고민에 빠졌어요.

1985년, 미국 로체스터대학교 레이저에너지연구소에

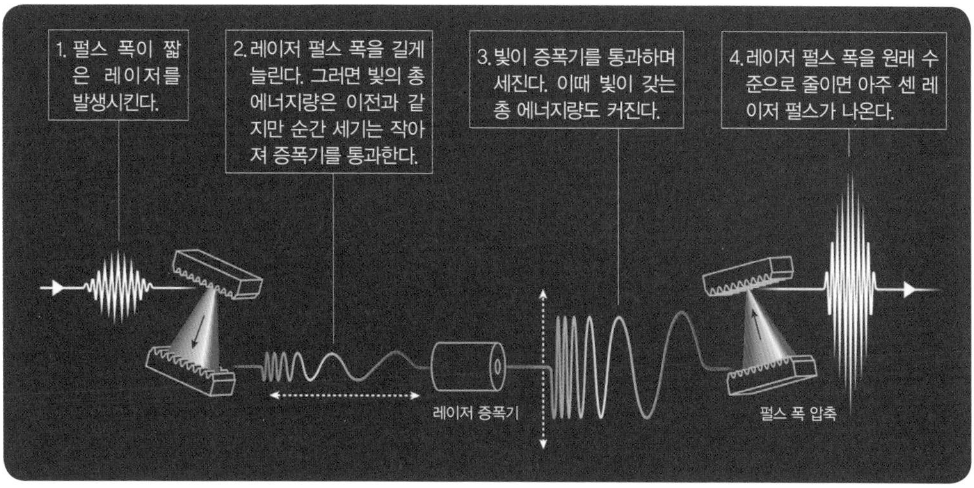

1. 펄스 폭이 짧은 레이저를 발생시킨다.
2. 레이저 펄스 폭을 길게 늘린다. 그러면 빛의 총 에너지량은 이전과 같지만 순간 세기는 작아져 증폭기를 통과한다.
3. 빛이 증폭기를 통과하며 세진다. 이때 빛이 갖는 총 에너지량도 커진다.
4. 레이저 펄스 폭을 원래 수준으로 줄이면 아주 센 레이저 펄스가 나온다.
레이저 증폭기
펄스 폭 압축

처프 펄스 증폭(CPA)의 원리 ©Johan Jarnestad/The Royal Swedish Academy of Sciences

있던 제라르 무루 교수와, 그의 제자 도나 스트릭랜드 연구원이 '처프 펄스 증폭' 기술을 개발해요. 그들은 레이저의 에너지를 높이기 전에 먼저 펄스의 길이(펄스 폭)를 늘이는 방법을 생각해 냈지요.

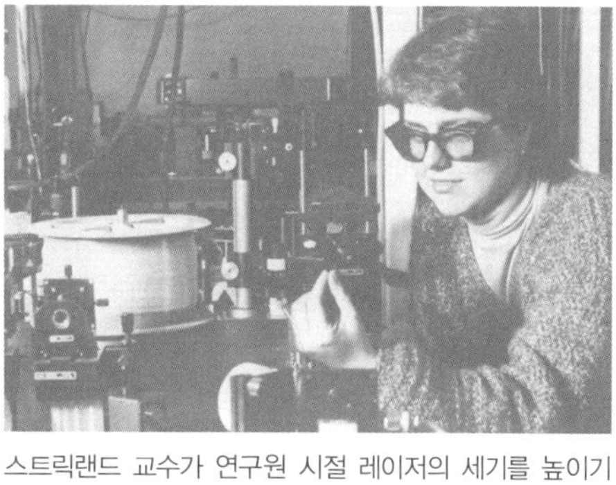

스트릭랜드 교수가 연구원 시절 레이저의 세기를 높이기 위해 연구하는 모습. ©University of Rochester

우선 펄스의 길이가 매우 짧은 레이저의 펄스를 길게 늘여 주었어요. 그러면 빛의 총 에너지량은 같지만 순간 에너지는 작아져 증폭기를 손상시키지 않고 통과시킬 수 있거든요. 이후 증폭기를 이용해 레이저의 에너지를 높이고, 다시 레이저 펄스의 길이를 압축시키면, 펄스의 길이는 짧지만 에너지는 훨씬 강한 레이저를 얻을 수 있답니다.

무루 교수와 스트릭랜드 교수의 처프 펄스 증폭 기술이 등장한 이후 레이저의 세기는 다시 4~5년마다 두 배 이상씩 커지고 있어요. 덕분에 소형 고출력 레이저 장비가 만들어져 작은 규모의 대학 연구실에서도 사용하는 등 기초과학의 발전에 기여했지요.

처프 펄스 증폭 기술을 응용한 대표적인 예로, 의학 분야의 시력 교정 수술(라식 수술)을 들 수 있어요. 펄스의 길이가 짧으면 길 때보다 섬세하게 조작할 수 있어요. 라식 수술을 할 때는 아주 연약한 부위인 각막을 정밀하게 잘라야 해요. 요즘엔 라식 수술에 펄스 폭이 매우 짧은 펨토초(10^{-15}초) 레이저를 이용하기도 해요. 그럼 자르는 부위를 최소화할 수 있고 신경 손상도 적어서 수술 이후 통증도 적고 회복 속도가 빠를 뿐만 아니라 부작용도 최대한 줄일 수 있답니다.

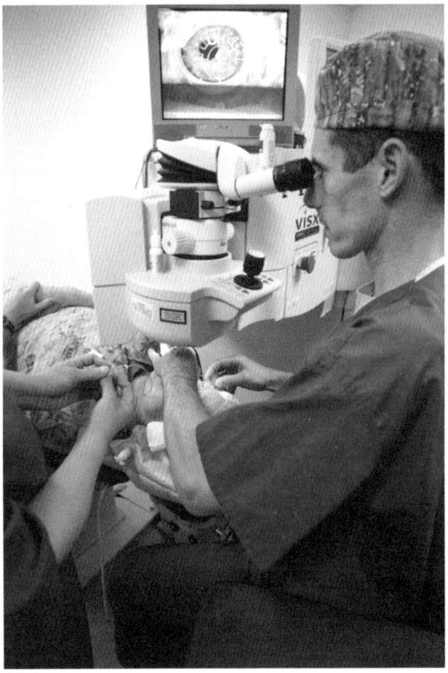
레이저를 이용해 라식 수술을 하는 모습. ©위키미디어

최근에는 페타와트(PW · 1PW는 1000조W) 레이저도 등장했어요. 이는 펨토초 레이저보다 1000억 배 이상 강력한 것으로, 1페타와트는 태양에너지 세기의 약 160분의 1에 달한답니다. 국내에서는 2017년 기초과학연구원(IBS) 초강력레이저과학연구단이 4PW급 레이저를 개발하는 데 성공했어요. 이렇게 짧은 순간에 초강력 레이저를 쏘면

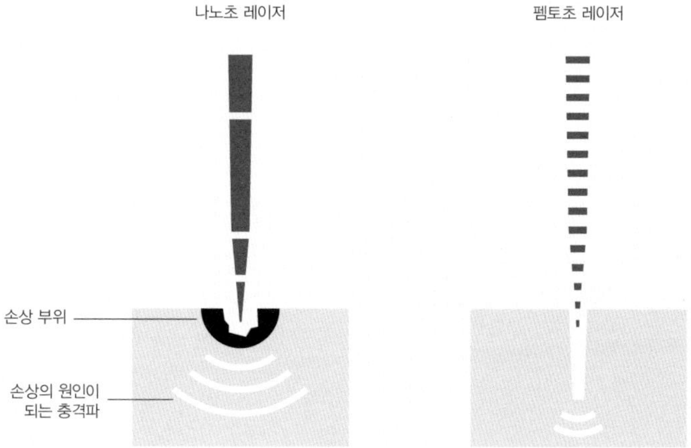

나노초 레이저 vs 펨토초 레이저
펨토초 레이저는 나노초 레이저보다 펄스 폭이 100만 배 짧아 물체에 쏘면 나노초 레이저에 비해 주변부를 훨씬 덜 손상시킬 수 있다. 그래서 최근 라식 수술에 펨토초 레이저가 이용되고 있다. © 노벨위원회

물질이 순식간에 이온화하면서 플라스마 상태가 된답니다. 이를 이용하면 입자가 빛의 속도에 가깝게 빨라지는 가속현상이 일어나며 극한 상황에서 일어나는 물리 현상이 나타나지요. 초강력 레이저는 앞으로 각종 물리현상과 의학 등 다양한 연구 분야에 활용될 예정이랍니다.

확인하기

빛으로 도구를 만든 노벨 물리학상 수상자들의 업적을 잘 살펴보았나요? 이번에는 2장에서 읽은 내용을 잘 이해했는지 한번 확인해 볼게요. 혹시 문제가 좀 어렵더라도 걱정 마세요. 물리의 세계에 즐겁게 한걸음씩 다가가면 되니까요!

01 다음 중 잘못된 말을 하는 사람을 모두 찾으세요.

① 혁: 광전효과란 금속에 빛을 쬐면 금속으로부터 물이 튀어나오는 현상이야.

② 진: 태양빛에 반사된 비눗방울이 무지개색으로 일렁이는 걸 본 적 있을 거야. 이는 빛의 간섭 현상 때문이지.

③ 뷔: 스스로 빛을 내는 물체를 '광원'이라고 해.

④ 정국: 19세기 초 영국의 과학자 토머스 영은 '이중 슬릿 실험'을 통해 빛의 반사 현상을 설명하며 빛의 파동성을 입증했어.

02 다음 중 옳은 설명을 모두 고르세요.

① 사실 빛으로 물체를 당기거나 밀 수 있는 '광학 집게' 기술은 SF 영화에서나 볼 법한 허황된 이야기다.

② 레이저는 명화의 얼룩을 지워 미술품을 복원하거나, 과일에 이름과 원산지 등을 새기는 데도 활용된다.

③ 태양은 스스로 빛을 내는 별, 즉 '행성'이다.

④ 매우 높은 온도와 압력 때문에 태양 중심부에서는 수소 원자핵 4개가 헬륨 원자핵 한 개로 바뀌는 '핵융합 반응'이 끊임없이 일어난다.

03 다음 중 옳은 설명을 하는 사람은 누구일까요? 모두 고르세요.

① 보미: 물체를 이루는 물질(원자나 분자)에 에너지를 가하면, 물질에 저장된 에너지가 빛으로 나온대.

② 나은: 레이저에서 나온 빛의 파동들은 모두 높이도 방향도 똑같고, 일정한 간격을 두고 밀려오지.

③ 남주: 원자는 원자핵과 전자로 구성되어 있고, 원자핵은 또 양성자와 중성자로 구성된대!

④ 은지: 무루 교수와 스트릭랜드 교수는 '처프 펄스 증폭(CPA)'이라 불리는 고출력 레이저 기술을 개발한 공로로 노벨 물리학상을 받았어.

04 다음 설명 중 옳은 것을 고르세요.

① 레이저 빛이 나오기 위해서는 빛의 세기를 증폭시키는 공진기라는 장치가 필요하다.

② 타운스 교수팀은 유도 방출로 인해 마이크로파가 증폭되는 과정을 관측하는 데 성공하고 이 장비에 '레이저'라는 이름을 붙인다.

③ 휴즈연구소의 물리학자 시어도어 메이먼 박사는 루비 결정을 써서 세계 최초의 루비 레이저를 개발하는 데 성공한다.

④ 모든 파장의 빛을 지니고 있으면 그 빛은 희고 밝게 보이는데, 이를 '백색광'이라고 한다.

05 다음 중 옳은 말을 하는 사람을 고르세요.

① 휘: 레이저 발진장치는 가늘고 긴 공진기 양쪽에 거울을 달고 있는 형태야.

② 제니: 과학자들은 달에 설치된 반사경에 레이저를 쏴 수시로 달까지의 거리를 재고 있대!

③ 로제: 레이저는 직진을 해서, 널리 퍼지며 멀리까지 나아가지.

④ 리사: 낮은 에너지 상태의 분자수보다 높은 에너지 상태의 분자수가 많

은 상태를 '밀도 반전'이라고 해.

06 다음 설명 중 잘못된 것을 고르세요.

① 광자는 질량은 없지만 에너지와 운동량을 지니고 있다.
② '극초단파'란 파장의 범위가 1m에서 1km 사이의 전자기파를 말한다.
③ 메이저는 '유도 방출에 의해 증폭된 빛'이란 뜻이다.
④ 태양빛에 의해 날아가는 우주선은 SF 영화에 자주 나오는 단골 소재로, 강력한 로켓 추진에 의해 날아간다.

07 아래 친구들이 2018 노벨 물리학상 업적에 대해 이야기하고 있어요. 잘못된 설명을 하는 건 누구일까요?

① 나연: 무루 교수와 스트릭랜드 교수의 처프 펄스 증폭 기술이 등장하며, 레이저의 지속 시간이 짧아지고 있대!
② 다현: 광학 집게는 거의 모든 광학현미경에 활용할 수 있어서 현미경으로 입자를 관찰하면서 동시에 자유자재로 움직일 수도 있지.
③ 사나: 타운스 교수팀은 메이저를 이용해 우리 은하 가운데에 있는 블랙홀의 질량을 첫 번째로 측정했어.
④ 쯔위: 애슈킨 박사는 1986년, 레이저 빔으로 작은 시료를 원하는 시간만큼 자세히 관찰할 수 있는 광학 집게를 만드는 데 성공하지.

08 아래에서 설명하는 이론은 무엇일까요?

아인슈타인은 1917년 빛의 입자성과 파동성을 함께 설명하기 위해 한 논문을 쓴다. 이 논문에서 빛의 자연 방출과는 다른 ○○○○에 대해 처음으로 설명한다. 아인슈타인이 이 현상을 밝히지 않았다면 레이저의 탄생은 한참 뒤로 미뤄질 수밖에 없었을 것이다.

09 빈 칸을 순서대로 채우세요.

빛은 파동(전자기파)이자 입자(광자)의 성질을 지니고 있다. 이를 빛의 (　①　)이라고 한다. 한편 빛이 물체에 부딪히거나 반사하게 되면 물체의 표면이 압력을 받는데, 이를 (　②　)이라고 한다.

10 아인슈타인은 다음에서 설명하는 ○○○○을 통해 광전효과를 설명했어요. 여기서 ○○○○은 무엇일까요?

> "빛은 진동수에 비례하는 에너지를 가진 입자로 구성돼 있다."

정답

1. ①, ④ 광전효과란 금속에 빛을 쬐면 금속으로부터 전자가 튀어나오는 현상이다. 19세기 초 영국의 과학자 토머스 영은 '이중 슬릿 실험'을 통해 빛의 간섭과 회절 현상을 설명하며 빛의 파동성을 입증했다.
2. ②, ④ 아서 애슈킨 박사는 '광학 집게' 기술을 개발해 2018 노벨 물리학상을 받았다. 태양은 스스로 빛을 내는 천체, 즉 '별'이다.
3. ①, ②, ③, ④
4. ①, ③, ④ 타운스 교수팀은 유도 방출로 인해 마이크로파가 증폭되는 과정을 관측하는 데 성공하고, 이 장비에 '메이저'라는 이름을 붙인다.
5. ①, ②, ④ 레이저는 직진을 해서 퍼지지 않고 가느다란 빛으로 아주 멀리까지 나아간다.
6. ②, ③, ④ '극초단파'란 파장의 범위가 1mm에서 1m 사이의 짧은 전자기파를 말한다. 레이저는 '유도 방출에 의해 증폭된 빛'이란 뜻이다. 태양빛에 의해 날아가는 우주선은 광압에 의해 날아간다.
7. ① 무루 교수와 스트릭랜드 교수의 처프 펄스 증폭 기술이 등장한 이후, 레이저의 세기는 4~5년마다 두 배 이상씩 커지고 있다.
8. 유도 방출
9. ① 이중성, ② 광압
10. 광양자설

03

2018 노벨 화학상

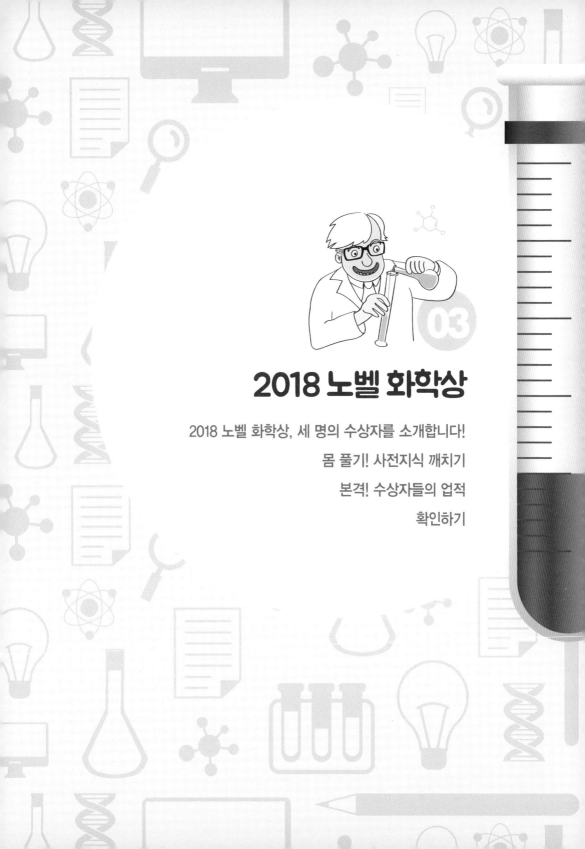

2018 노벨 화학상, 세 명의 수상자를 소개합니다!

몸 풀기! 사전지식 깨치기

본격! 수상자들의 업적

확인하기

2018 노벨 화학상, 세 명의 수상자를 소개합니다!

노벨위원회는 2018년 10월 3일(현지 시간) 미국 캘리포니아공과대학교 프랜시스 아널드 교수, 미국 미주리대학교 조지 스미스 교수, 영국 케임브리지대 MRC 분자생물학연구소 그레고리 윈터 연구원을 노벨 화학상 수상자로 선정했다고 발표했어요. 세 명의 과학자는 살아 있는 생물을 화학적 공법으로 변화시켜 사람이 원하는 물질을 얻는 기술을 개척한 공로를 인정받았지요. 아널드 교수는 효소의 유도진화를, 스미스 교수와 윈터 박사는 항체와 펩타이드의 파지 전시법을 개발했어요. 이 방법들로 만들어진 생체 단백질은 새로운 약이나 바이오 연료들을 개발하는 데 유용하게 쓰였답니다.

2018 노벨 화학상 한 줄 평

시험관 속의 진화를 일으키다!

©미국 오크리지 국립 연구소

프랜시스 아널드 미국 캘리포니아공과대학교 교수

· 1956년 미국 피츠버그에서 출생.
· 1985년 미국 버클리 캘리포니아대학교에서 박사 학위 받음.
· 현재 미국 캘리포니아공과대학교 교수로 재직 중.

©미주리대학교

조지 스미스 미국 미주리대학교 교수

· 1941년 미국 노워크에서 출생.
· 1970년 미국 케임브리지에 있는 하버드대학교에서 박사학위 받음.
· 현재 미국 컬럼비아 미주리대학교 생명과학과 명예교수로 재직 중.

©케임브리지대학교

그레고리 윈터 영국 케임브리지대 MRC분자생물학연구소 연구원

· 1951년 영국 레스터에서 출생.
· 1976년 영국 케임브리지대학교에서 박사 학위 받음.
· 현재 케임브리지 소재 MRC 부자생물학연구소에서 명예 선임연구원 활동 중.

몸 풀기! 사전지식 깨치기

화장실에서 볼일을 본 뒤, 변기 안을 본 적이 있나요? 몸이 건강한 상태라면, 평소 친구들의 똥은 바나나처럼 가늘고 긴 모양이에요. 또 색은 진한 갈색이지요.

그런데 왜 똥은 색과 모양이 항상 똑같을까요? 우리가 먹은 음식은 모양과 색, 질감이 모두 다양한데도 말이에요. 예를 들어 생크림 케이크는 흰색이고 매우 부드러워요. 쫀득쫀득한 떡볶이는 빨갛고, 사과는 노란색이면서 아삭아삭해요. 하지만 똥은 늘 어두운 갈색을 띠고 적당히 무른 질감이며, 냄새도 고약해요. 어떻게 된 일일까요?

그 이유는 음식물이 입과 위, 장 등 여러 기관을 거치면서 소화 효소에 의해 분해됐기 때문이에요.

일단 음식이 소화 효소를 가장 처음 만나는 곳은 입이에요. 입 안에서 나오는 침에는 '아밀레이스'라는 소화 효소가 있는데, 아밀레이스가 음식물 속 녹말을 엿당으로 분해해요. 이후 식도를 따라 움직이면 위에 도착해요. 위에서는 위액에 들어 있던 소화 효소인 '펩신'이 나와 음식물 속 단백질을 분해하지요. 이어서 이자와 간, 장 등을 거치며 그곳에서 만난 소화 효소에 의해 더 작게 분해된 뒤 필요한 영양소는 몸속으로 흡수돼요. 그러고 나서 필요하지 않은 것들만 남아 항문을 거쳐 똥으로 나오게 되는 거랍니다.

이처럼 소화 효소는 입 속으로 들어온 음식물이 다시 몸 밖으로 나가기까지 모든 과정에 참여해요. 그 대신 자신은 변하지 않으면서, 오로지 음식물을 분해하는 일만 하지요.

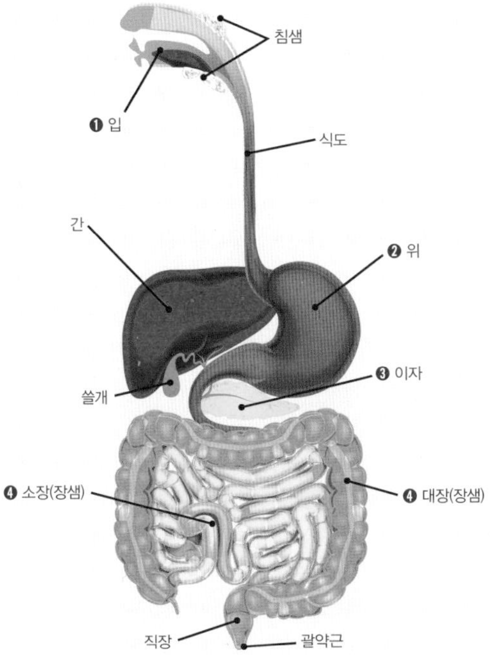

소화 기관과 소화 효소 ©셔터스톡

장소	소화액	소화 효소	효소의 역할
❶ 입	침	아밀레이스	녹말→엿당
❷ 위	위액	펩신	단백질→펩톤
❸ 이자(췌장)	이자액	트립신 라이페이스 아밀레이스 말테이스	단백질→펩톤 지방→지방산, 글리세롤 녹말→엿당 엿당→포도당
❹ 소장, 내장	장액	말테이스 펩티데이스 수크레이스 락테이스	엿당→포도당 펩톤→아미노산 설탕→포도당, 과당 젖당→포도당, 갈락토오스

그런데 소화 효소는 우리 몸속의 수많은 효소 중 하나예요. 몸 안에서는 소화 이외에도 다양한 생화학 반응이 일어나고 있고, 이 반응마다 참여하는 효소가 다양하게 존재하고 있거든요.

그리고 수많은 종류의 효소들은 과학자들이 꾸준하게 주목하고 있는 연구 대상이에요. 생명 현상을 이해하거나 새로운 약을 개발하고, 바이오 에너지를 만드는 등 다양한 분야에서 활용할 수 있기 때문이에요. 2018 노벨 화학상 수상자들 또한 우리 몸에 이로운 효소를 새롭게 만들고 개발한 공로를 인정받았답니다.

그렇다면 효소란 무엇일까요? 노벨 화학상 수상자들은 효소를 이용해 어떤 연구를 한 걸까요? 지금부터 차근차근 알아봐요!

몸속 화학반응의 촉매제, 효소!

인간을 포함한 생물의 몸 안에서는 생명을 유지하기 위한 여러 생화학 반응이 끊임없이 일어나고 있어요. 외부에서 섭취한 물질을 우리 몸에 필요한 영양이나 에너지로 만들기 위해 분해하는 과정이 대표적이지요. 에너지를 흡수하고 필요 없는 에너지는 방출하는 과정도 모두 포함된답니다. 이러한 모든 반응을 '물질대사'라고 해요.

그런데 물질대사에 꼭 필요한 존재가 있어요. 주인공은 바로 효소! 효소는 물질대사가 일어나도록 작동 스위치를 켜 주는 역할을 해요. 물질대사는 단계마다 다른 효소가 작용하기 때문에, 중간에 한 단계에서 효소가 부족하다면 다음 반응이 이뤄지지 않지요.

부엌을 한번 상상해 볼게요. 부엌에는 닭고기와 생선, 과일, 채소 등의 재료가 있고, 소금과 설탕, 식초, 간장 같은 소스가 있어요. 하나의 음식을 완성하기 위해선 레시피에 포함된 재료와 소스가 조화롭게 섞여야 해요. 하지만 각각의 모든 재료가 준비돼 있다고 해서 저절로 요리가 되는 게 아니에요. 재료와 소스를 냄비에 담고, 잘 저어 주어야 이들이 제대로 섞이며 맛을 만들어 낼 수 있어요. 또 요리에 따라서는 뜨거운 열이 필요하기도 해요.

음식을 완성하려면 다양한 재료가 필요하다.

살아 있는 세포도 부엌과 마찬가지예요. 세포 안에는 여러 종류의 화학물질이 들어 있어요. 하지만 물질들이 스스로 반응을 하지는 않아요. 만약 물질끼리 스스로 반응을 하더라도, 그 속도가 너무 느려서 반응이 일어나지 않고 있다고 볼 수 있을 정도지요. 이때 물질들의 화학 반응 속도를 수억 배, 심지어 수조 배 빠르게 해 주는 화학물질이 '효소'랍니다.

효소는 물질대사의 거의 모든 과정에 참여해요. 이 과정에서 아무런 상처를 입지 않고 반응을 일으키거나 반응이 빨라지게 만든 뒤 고스란히 빠져나오지요. 그러고는 다른 과정에 참여할 준비를 해요. 즉 자기 자신은 변하지 않고 반응 속도를 빠르게 만드는 '촉매' 역할을 하는 거예요.

효소는 효모 안에 있다?!

효소는 영어로 '엔자임(enzyme)'이라고 해요. enzyme은 그리스어 'ενζυμον'에서 유래된 단어로, 영어로 풀이하면 'in yeast' 즉 '효모 안에 있는 것'이라는 뜻이지요. 한자어에도 비슷한 의미가 숨어 있어요. 효소는 '효모 효(酵)'와 '본디 소(素)'가 합쳐진 단어이지요. '효모에 있는 요소'를 의미한답니다.

실제로 효모에는 효소가 들어 있어요. 효모는 빵이나 맥주 등을 만들 때 사용하는 미생물이에요. 효모는 자신이 갖고 있던 효소를 이용해서 유기물을 분해하는 발효를 일으켜요. 이 과정에서 이산화탄소가 만들어지는데, 맥주나 김치가 무르익을 때 거품이 생기고 끓는 소리가 나고, 발효된 빵 반죽이 부풀어 오르는 이유가 이 때문이랍니다.

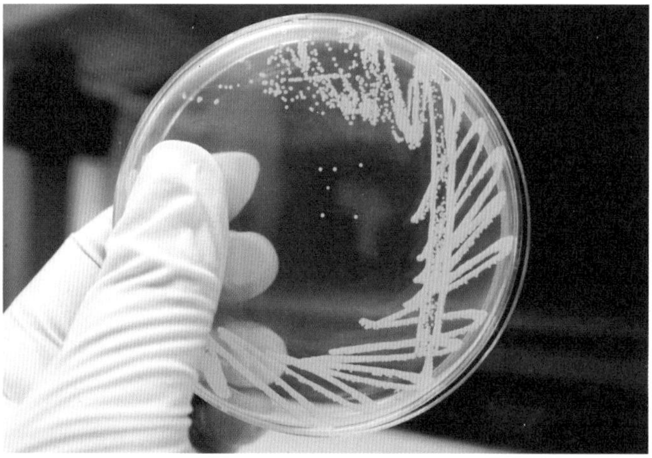

효모의 모습. ©셔터스톡

효소는 활성 에너지를 DOWN!

효소가 물질대사의 반응 속도를 빠르게 만드는 원리는 활성화 에너지를 낮추는 거예요. 활성화 에너지란 몸속의 대사 반응이 일어나는 데 필요한 최소한의 에너지를 말해요. 활성화 에너지가 작을수록 반응 속도가 빠르고, 활성화 에너지가 클수록 반응 속도가 느리지요.

예를 들어 볼게요. 육지에서 뛰놀던 개구리 형제들이 물로 되돌아가기로 했어요. 네 개의 다리로 폴짝폴짝 뛰어 물가에 도착했지요. 그런데 맙소사! 개구리 형제 앞에 커다란 장벽이 있네요. 장벽이 너무 높아서 개구리들은 온 힘을 다해 다리를 뻗어도 장벽을 넘기가 힘들어요. 한 번에 성공하기 힘들다 보니 시간은 오래 걸리고, 아예 장벽을 넘지 못할 수도 있어요.

그러다 지나가던 새가 장벽을 툭 치고 지나가자, 장벽의 높이가 순식간에 낮아졌어요. 덕분에 개구리 형제들은 가뿐하게 장벽을 넘을 수 있게 되었지요. 개구리 형제 모두가 순식간에 장벽을 넘어 물로 돌아갈 수 있게 되었어요.

여기서 육지에서 물로 되돌아가려는 개구리의 점프가 물질대사고, 장벽은 활성화 에너지예요. 활성화 에너지가 너무 크기 때문에 물질 대사가 이루어지기 어려웠지요. 이때 활성화 에너지를 낮추어 준 은인이 있었으니, 바로 '새'였어요. 새가 툭 쳐서 장벽을 낮게 만든 것처럼 효소는 활성화 에너지를 작게 만들어 준답니다. 덕분에 물질대사가 빠르게 일어날 수 있는 거예요.

(효소가 없는) 물질대사 반응	(효소가 있는) 물질대사 반응

활성화 에너지 장벽이 너무 높아서 물질대사 반응 속도가 매우 느림.	활성화 에너지 장벽이 낮아지면서 물질대사 반응 속도가 매우 빨라짐.

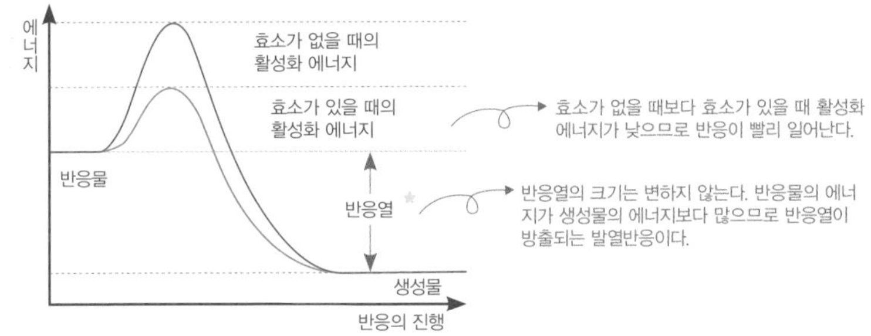

효소 자물쇠에 맞는 열쇠 기질과 합체!

그렇다면 효소는 어떻게 활성화 에너지를 낮출까요? 그 비결은 '기질과의 합체'랍니다. 효소는 마치 자물쇠 같아요. 자물쇠에 열쇠를 끼우는 구멍이 있듯, 효소에는 다른 물질과 결합하는

효소, 너의 이름은 에이스?

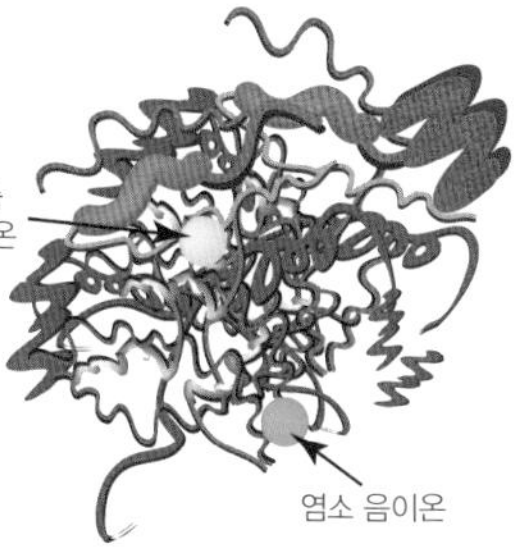

아밀레이스

여러 종류의 효소 이름들을 들여다보면 한 가지 공통점을 확인할 수 있어요. 이름이 모두 '~이스'로 끝난다는 것이지요. 실제로 이름의 끝에는 '–ase'라는 접미사가 붙어요. 'ase'는 효소라는 뜻의 단어예요. 아밀로스(amylose)의 분해 효소는 아밀레이스(amylase)이고, 말테이스를 분해하는 효소는 말테이스(maltase)랍니다.

한편 '–ase'를 '아제'라고 읽기도 해요. '아제'는 독일식 발음이지요. 메이지 유신 시대의 일본은 독일의 과학을 주로 받아들였고, 우리나라는 일본의 영향을 받았지요. 그래서 몇 년 전까지만 해도 효소의 이름을 '~아제'로 읽었답니다.

효소가 하는 일은?

① 소화와 흡수: 음식물을 흡수되기 쉬운 상태로 소화시켜요.

② 분해와 배출: 세포 속에 쌓인 노폐물과 독소를 처리하여 몸 밖으로 배출시켜 세포의 대사 기능을 활발하게 합니다.

③ 항균, 항염 작용: 몸속 세포, 기관이 세균에 감염되어 염증이 생기면 효소는 이를 억제하고, 몸에 침입한 바이러스를 죽이거나 독소 물질을 분해합니다.

④ 해독, 살균 작용: 간 기능을 강화하고, 외부로부터 들어온 독성물질을 빨리 분해해 몸 밖으로 배출합니다.

⑤ 혈액 정화, 세포 재생: 혈액을 맑고 깨끗하게 유지하도록 체내 독소나 찌꺼기 등을 분해하고 몸 밖으로 배출합니다. 혈액이 원활하게 순환하도록 활성화시켜 고지혈증을 예방합니다.

활성 부위가 있지요. 활성 부위는 효소의 표면에 있는 작은 주머니 또는 움푹 팬 구멍 모양이에요. 이 활성 부위에 결합하는 반응물을 '기질'이라고 해요.

기질은 입체 구조가 효소의 활성 부위와 맞아야만 결합할 수 있어요. 그래서 한 종류의 효소는 한 종류의 기질에만 작용해요. 예를 들어 아밀레이스는 녹말만 분해하고, 라이페이스가 지방만 분해할 수 있는 것처럼 말이에요. 이렇게 효소가 특정 기질하고만 결합하여 반응을 촉매하는 성질을 효소의 기질특이성(substrate specificity)이라 한답니다.

자물쇠와 열쇠처럼 결합한 효소-기질 복합체는 활성화 에너지를 낮춰요. 그럼 기질은 반응하기 쉬운 상태가 되어 원래의 모습과 다른 생

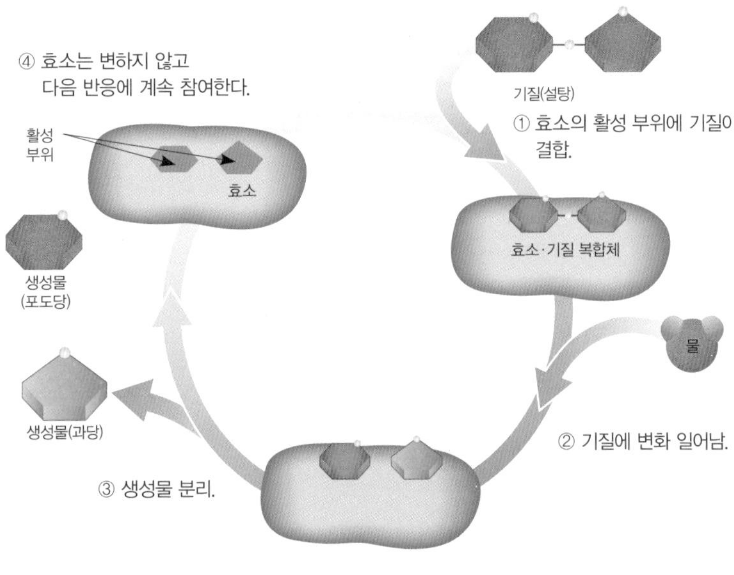

효소의 촉매 반응 원리

성물로 변하게 되지요. 이렇게 만들어진 생성물은 효소에서 떨어져 나가고, 효소는 다시 빈 구멍을 드러낸 채 혼자가 돼요. 이때의 효소는 여전히 처음의 모습과 같아요. 자신은 변하지 않고 다른 과정에 참여만 하는 촉매 역할을 했기 때문이에요. 그 결과 효소는 다음 기질과 다시 만나서 생성물을 만나고, 반복해서 반응에 참여하게 되는 거랍니다.

효소는 우리 몸에서 일어나는 대부분의 물질대사에 참여해요. 그리고 각 반응마다 다른 효소가 필요하지요. 그래서 우리 몸 안에는 다양한 종류의 효소가 있어야 해요. 반면 숫자는 많을 필요가 없어요. 효소는 반응에 참여하면서도 변하지 않고 반복해서 사용되기 때문이에요. 따라서 효소는 종류가 다양하지만, 양은 많지 않답니다.

효소로 김치 만들고, 청바지 탈색도 하고!

몸 안에서 다양한 반응에 참여하는 효소! 일상생활에서도 효소가 다양하게 활용되고 있어요.

대표적으로는 고기 요리를 할 때 키위즙을 넣는 경우를 들 수 있어요. 키위에 들어 있던 단백질 분해 효소 액티니딘(actinidine)이 단백질의 구조를 끊어내면서, 고기의 질감을 부드럽게 해 주지요. 새우젓에는 단백질 분해 효소인 프로테이스와 지방 분해 효소인 라이페이스가 많이 들어 있어요. 그래서 보쌈이나 족발 같은 돼지고기를 먹을 때 함께 먹으면 소화가 잘된답니다.

된장과 김치, 막걸리 등 발효 식품에도 효소가 사용돼요. 발효는 효모나 세균 같은 미생물이 가지고 있던 효소를 이용해 유기물을 분해하

효소를 발견한 과학자들

① 1752년 프랑스의 박물학자인 레오뮈르(de Reaumur, R. A. F.)

레오뮈르는 애완동물로 기르고 있던 솔개를 대상으로 소화 작용에 대해 연구하기 시작했어요. 솔개는 소화되지 않는 음식물을 삼켰을 때 다시 내뱉는 습성을 가지고 있답니다. 레오뮈르는 먹이로 주었던 고기가 연하게 되어 있음을 알고 솜을 넣은 작은 쇠그물을 솔개에게 먹였어요. 솔개는 쇠그물을 내뱉었는데, 그 쇠그물 속의 솜을 적시고 있던 위액을 고기 조각에 뿌려 보니 고기가 연하게 되었지요. 이 실험으로부터 레오뮈르는 위액이 고기를 연하게 한다는 사실을 알아냈어요.

② 1783년 이탈리아 신부였던 스팔란차니(Spallanzani, L.)

스팔란차니는 까마귀를 대상으로 레오뮈르와 같은 실험을 했어요. 위액을 뿌린 고기를 37℃에서 보존하면 약 7시간 후에 고기가 흐물흐물해진다는 사실을 발견했지요.

③ 1836년 동물 세포설의 제창자인 슈반(Schwann, T.)

슈반은 위액에서 단백질의 분해 효소인 펩신을 발견했어요.

④ 1833년 프랑스의 페양(Payen, A.)과 페르소(Persoz, J. F.)

페양과 페르소는 최초로 맥아의 추출물로부터 전분을 분해하는 효소인 다이아스테이스를 발견했어요.

⑤ 1876년 독일의 퀴네(Kuhne, W.)

퀴네는 '효소'라는 용어를 처음 사용했어요. 1930년대에는 효소가 단백질이라는 사실이 밝혀졌어요.

는 과정이지요. 그 결과 우리 몸에 좋은 새로운 물질이 만들어져요.

일반적으로 여러 효소들 중 단백질 분해 효소가 가장 많이 사용되고 있어요. 전체 효소 시장의 60% 이상을 차지하고 있을 정도지요. 이런 단백질 효소는 주로 '바실러스(Bacillus)'라는 박테리아와 곰팡이, 동물의 췌장, 식물에서 얻어요. 치즈나 빵, 술을 만드는 데 사용되고, 고기를 연하게 하는 과정에 주로 쓰이지요.

지질 분해 효소인 라이페이스는 주로 기름을 분해하는 데 사용돼요. 오일(oil)을 가수분해하여 비누를 만드는 데 사용하기도 하고, 폐수 속에 있는 지질-지방 화합물을 분해시키는 데에도 사용하지요. 치약에 있는 효소는 치아에 붙어 있는 탄수화물을 분해하고, 셀룰로오스 분해 효소를 이용하면 청바지의 색을 빼는 '탈색' 작업도 할 수 있답니다.

	효소 이름	생산 균주/장기	응용 분야
아밀레이스 (amylase)	다이아스테이스(distase)	누룩	소화제, 빵에 첨가, 시럽
	아밀레이스(amylase)	고초균(Bacillus subtilis)	직물의 풀 제거, 시럽, 알코올 발효공업, 포도당 생산
	아밀로글루코시데이스 (amyloglucosidase)	리조푸스 니베우스 (Rhizopus niveus)	포도당 생산
프로테이스 (protease)	트립신(trypsin)	동물 췌장	의약용, 연육용
	펩신(pepsin)	동물 위장	소화제, 연육용
	레넷(rennet)	송아지 위장	치즈 제조
	파파인(papain)	파파야	소화제, 의약용, 연육용
	프로테이스(protease)	고초균(Bacillus subtilis)	세제, 연육용
기 타	라이페이스(lipase)	췌장 곰팡이(*Rhizopus*)	소화제, 우유제품 풍미 첨가
	셀룰레이스(cellulase)	*Trichoderma koningi* *Trichoderma viride*	소화제, 셀룰로오스 가수분해
	펙티네이스 (pectinase)	*Sclerotina libertina*	주스 수율 증가 및 청정화

효소로 빨래 세정력 up!

친구들과 놀이터에서 신나게 논 뒤 씻기 위해 옷을 벗었어요. 옷 곳곳에 젖은 땀과 소매 부분의 때가 눈에 띄어요. 낮에 먹다 흘린 아이스크림 자국도 보이네요. 얼룩과 때로 지저분해진 옷, 세제 없이 물로만 빨면 어떻게 될까요? 아마 얼룩과 때가 하나도 지워지지 않을 거예요.

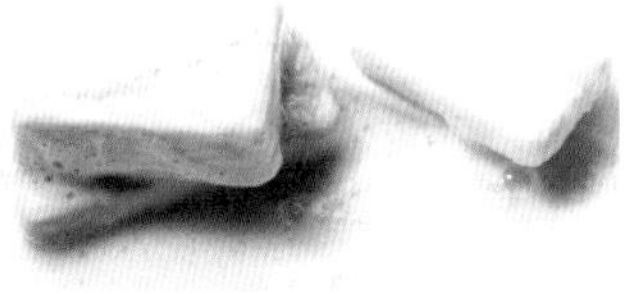

비누 © 셔터스톡

새 옷처럼 깨끗하게 빨래하기 위해서 필요한 건 세탁용 세제예요. 세제는 계면활성제로 이뤄진 물질이에요. 계면활성제는 하나의 분자 안에 물을 좋아하는 친수성 부분과 물을 싫어하는 소수성 부분으로 이뤄져 있어요. 그리고 소수성 부분은 물을 싫어하는 대신 기름을 좋아하지요. 그래서 때가 묻어 있는 옷에 세제를 풀면, 계면활성제의 소수성 부분이 때에 달라붙어요. 이후 친수성 부분이 물 쪽으로 움직이면, 옷에서 때가 떨어지는 원리랍니다.

계면활성제

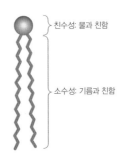

그런데 최근, 유명한 세제 기업들이 세제를 만들 때 계면활성제에 효소를 넣고 있어요. 효소가 우리 몸속에 들어온 음식물을 작게 분해하는 사실에 주목했지요. 마찬가지로 효소가 때를 더 작게 분해하면, 옷에서 때를 더 잘 떨어지게 할 수 있다는 아이디어를 떠올린 거죠. 세제에 첨가된 효소는 총 7가지예요. 이 중 5가지는 사람들이 즐겨 먹는 한식의 주재료나 소스를 분해하는 기능을 갖고 있어요. 식사를 하다가 생긴 얼룩을 효과적으로 지울 수 있는 거예요. 예를 들어 계란, 고기, 젓갈 등에 있는 단백질을 분해하는 프로테이스, 한국인의 주식인 밥이나 고추장에 있는 전분을 분해하는 아밀레이스 등이 있답니다.

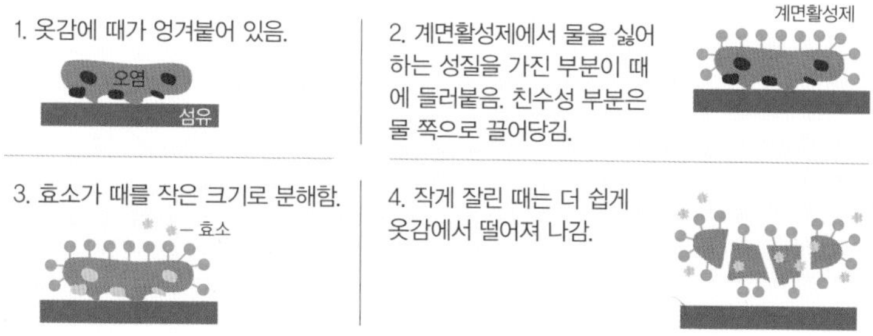

1. 옷감에 때가 엉겨붙어 있음.
오염
섬유
2. 계면활성제에서 물을 싫어하는 성질을 가진 부분이 때에 들러붙음. 친수성 부분은 물 쪽으로 끌어당김.
계면활성제
3. 효소가 때를 작은 크기로 분해함.
효소
4. 작게 잘린 때는 더 쉽게 옷감에서 떨어져 나감.

효소 첨가 세제의 세척 원리

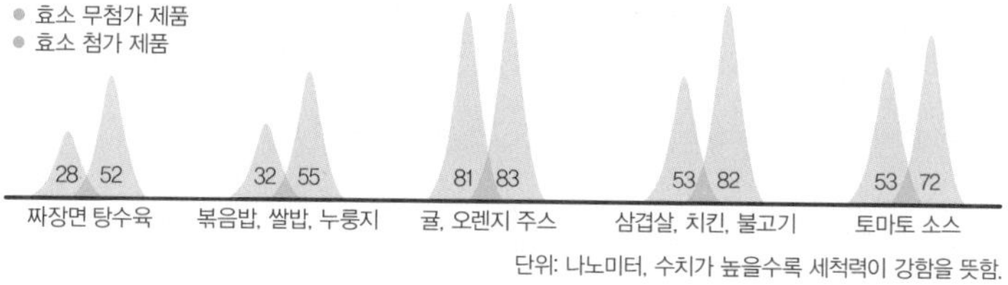

오염원별 세척력 테스트 결과

오염원	작용 효소
콩, 달걀, 고기, 햄, 육수, 젓갈	프로테이스(단백질 분해 효소)
전분, 쌀뜨물, 고추장	아밀레이스(전분계 분해 효소)
고기, 참기름, 식용유	라이페이스(지방계 분해 효소)
고춧가루, 고추장	펙티네이스(과일, 야채류 분해 효소)
양념소스	만네이스(양념, 화장품 분해 효소)

효소의 진화-코알라가 유칼립투스 잎을 먹을 수 있는 이유

지구상에 있는 많은 생명체들은 오랜 기간 동안 지구 환경에 적응하며 살았어요. 여러 세대에 걸쳐 적응에 필요한 효소가 발현되고, 진화되었지요. 대표적인 예가 코알라예요.

코알라는 코알라과(科)의 유일한 종이에요. 코알라의 주식은 유칼립투스 잎이지요. 그런데 특이한 점은 유칼립투스 잎은 평범한 동물이 주식으로 삼기 어려운 식물이란 거예요. 유칼립투스 잎에는 기름샘이 있어서, 기름 성분이 많고 냄새가 강한 휘발성 물질을 다량으로 내놓아요. 이 물질들이 독소로 작용해 동물이 먹을 경우 몸에 매우 해롭지요.

과학자들은 바로 이 점에 주목했어요. 다른 동물은 먹지 못하는 유칼립투스 잎을 주식으로 먹는 코알라에게는 특별한 방법이 있을 거라고 생각한 거지요. 호주 뉴사우스웨일스대학교를 중심으로 54명의 과학자가 모인 연구협력단이 코알라의 유전자를 분석했어요.

그 결과 코알라는 유칼립투스의 독을 해독하는 효소 유전자를 31개나 갖고 있다는 사실을 발견했어요. 이 효소 유전자는 간에서 발현됐는데, 꽤 많은 양의 효소가 만들어지며 유칼립투스의 독소가 다 분해되었던 거예요. 과학자들은 코알라가 지구에서 살아남기 위한 전략으로 진화한 결과라고 분석했답니다.

유칼립투스의 독을 해독하는 효소 유전자를 갖고 있는 코알라. ⓒ셔터스톡

돌연변이: 효소의 오류? 혹은 진화의 비밀?

돌연변이는 DNA에 담긴 유전 정보가 갑자기 변한 현상을 말해요. 유전물질의 복제과정에서 우연히 발생하거나 방사선이나 화학물질 등과 같은 외부요인에 의해 발생하기도 하지요.

돌연변이가 일어나는 이유 중 하나는 효소가 DNA를 복제하는 과정에서 실수가 일어나기 때문이에요. DNA는 원래 이중 나선 모양이에요. DNA 복제 과정이 시작되면, 효소는 이중 나선을 두 개의 가닥으로 나누어요. 이후 갈라진 DNA 가닥은 하나의 직선이 되고 양쪽을 기준으로 삼아 유전 정보를 RNA로 복제하는데, 이 과정도 효소가 담당하지요.

그런데 이 과정이 워낙 복잡하다 보니 실수가 일어나곤 해요. 염기 1000개당 하나꼴로 실수가 일어나지요. 돌연변이 중 가장 간단한 것은 DNA의 염기서열 중 하나가 바뀌는 거예요. 점 하나가 바뀌는 것 같다고 해서 '점 돌연변이'라고도 하지요. 점 돌연변이는 겉으로 보기엔 염기 하나만 바뀌는 것이지만, 이로 인해 형질이 아예 바뀌거나 비정상적인 세포가 만들어지면 질병을 일으킬 수 있어요.

반면 돌연변이는 생물이 대대손손 살아남는 데 중요한 역할을 할 수도 있어요. 유전자가 변하면서 생물의 종이나 형질이 바뀌는데, 이 형질이 일반 형질보다 자연 환경에 더 잘 적응할 수도 있거든요. 예를 들어 '겸상적혈구 빈혈증'을 들 수 있어요. 겸상적혈구 빈혈증은 적혈구의 모양이 낫 모양(겸상)으로 되는 유전자 돌연변이이지요. 낫 모양으로 변한 '겸상적혈구'는 쉽게 파괴되어 심한 빈혈을 일으키고, 모세혈관을 막기 때문에 뇌출혈이나 폐, 심장, 신장의 기능 장애를 일으킬 수 있어요.

그러나 독특하게도 겸상적혈구 유전자를 가진 사람은 정상인보다

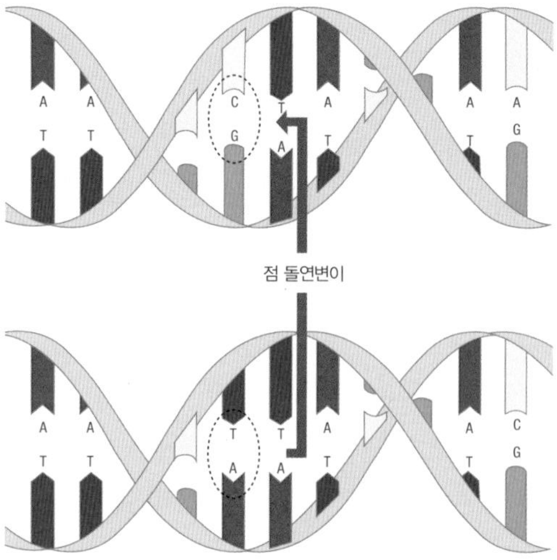

DNA의 염기서열 중 하나가 바뀌는 점 돌연변이

말라리아에 대한 내성이 커요. 그래서 말라리아에 걸렸을 때 일반인보다 질병을 이겨내고 생존할 가능성이 높답니다.

이처럼 돌연변이는 단순히 질병이나 장애를 일으키는 요소가 아니라, 다양한 생물종이 만들어지는 원동력이 되고 있어요. 과학자들은 이 점에 주목하고 있지요. 그 결과 효소나 박테리아 등 미생물에 일부러 돌연변이를 일으켜 원하는 새로운 물질을 만드는 연구를 하고 있답니다.

2018 노벨 화학상 수상자들 또한 생체분자에 돌연변이를 일으켜 인간에게 필요한 물질을 만드는 데 성공했고, 그 공로를 인정받았지요. 그렇다면 수상자들은 어떤 방법으로 돌연변이를 일으킨 걸까요? 다음 장에서 자세히 알아보아요!

본격! 수상자들의 업적

2018 노벨 화학상 수상자들은 무작위 돌연변이와 자연선택이라는 진화의 기본 원리를 응용해 의약과 산업 분야에서 유용한 효소와 항체 분자를 생산해 내는 기법을 개발한 공로를 인정받았어요. 노벨위원회는 수상자들의 연구에 대해 이같이 설명했어요.

"2018 노벨 화학상 수상자들은 인류를 가장 이롭게 하려는 목적으로 진화를 제어하고 활용해 왔다. 수상자들은 진화의 힘에서 영감을 받았고, 유전적 변화와 선택이라고 하는 동일한 원칙을 인류의 화학적 문제를 해결하는 단백질을 개발하는 데 활용했다."

무작위 돌연변이와 자연선택은 인류 진화의 기본 원리였다. ©노벨위원회

실험실에서 유도진화를 이끌어내다!

오래전 과학자들은 효소나 세균 같은 단백질을 사용하면 우리가 원하는 기능의 약이나 연료, 용매를 만들 수 있다는 사실을 깨달았어요. 그래서 필요한 효소들을 자연에서 직접 찾았지요. 하지만 과학자들이 원하는 반응을 일으키거나 생성물을 만드는 효소를 찾는 데는 한계가 있었어요.

이후 원하는 효소를 얻기 위해 효소가 포함된 단백질의 DNA 염기 서열을 변형하는 방법이 고안되었어요. 먼저 단백질의 분자 구조를 분석한 뒤, 염기 서열을 직접 바꾸었지요. 하지만 이 방법에도 문제점이 있었어요. 단백질의 3차원 구조를 정확하게 파악하는 게 어렵고, 구조를 파악하더라도 단백질이 어떤 반응을 통해 어떤 효소를 만들어 내는지 예측할 수가 없었지요.

이 문제를 해결한 것이 프랜시스 아널드 교수가 개발한 '효소 유도 진화' 기술이에요.

프랜시스 아널드 교수는 생명체들이 돌연변이를 통해 새로운 기능을 얻는 과정에서 아이디어를 얻었어요. 돌연변이를 통해 만들어진 개체들 중 환경에 적합한 개체가 선택되고, 그렇지 않은 개체는 살아남지 못해요. 찰스 다윈은 이러한 현상을 '자연 선택에 의한 진화'라고 표현

프랜시스 아널드 교수. ©미국 오크리지 국립연구소

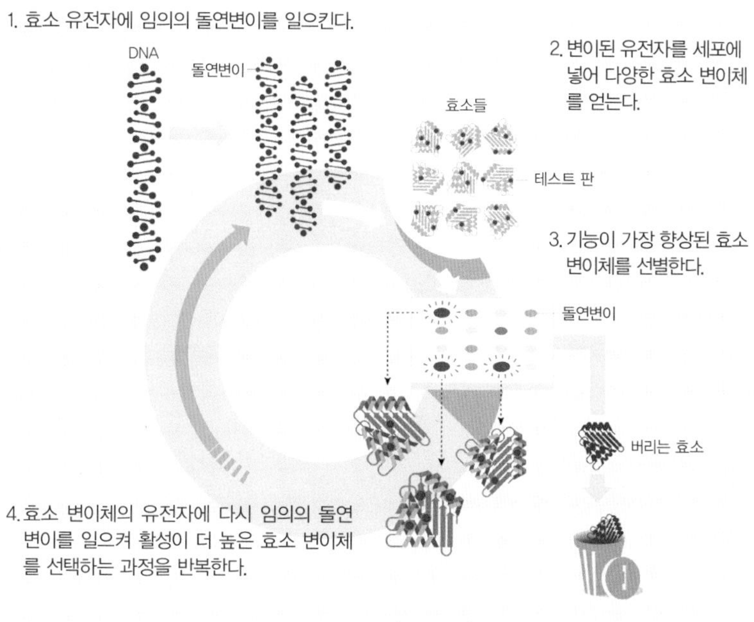

1. 효소 유전자에 임의의 돌연변이를 일으킨다.
DNA
돌연변이
효소들
2. 변이된 유전자를 세포에 넣어 다양한 효소 변이체를 얻는다.
테스트 판
3. 기능이 가장 향상된 효소 변이체를 선별한다.
돌연변이
버리는 효소
4. 효소 변이체의 유전자에 다시 임의의 돌연변이를 일으켜 활성이 더 높은 효소 변이체를 선택하는 과정을 반복한다.

효소 유도 진화법의 원리

했어요. 즉 아널드 교수는 자연에서 일어나는 진화 과정을 실험실에서 그대로 재현한 거예요.

일단 효소를 만드는 DNA에 다양한 돌연변이를 일으켜요. 이후 돌연변이 DNA를 박테리아에 넣으면, 박테리아는 유전자를 이용해 효소를 만들지요. 이렇게 만들어진 돌연변이 효소들은 그 기능이 매우 다양해요. 이들을 테스트해서 원하는 화학반응에 참여하는 효소만 쏙쏙 골라내는 거죠. 원하지 않는 효소들은 곧장 BYE!

그런데 아널드 교수는 여기서 멈추지 않고, 골라낸 효소들에 또다시 돌연변이를 일으켜서 더 뛰어난 효소를 찾아내는 과정을 되풀이했지요. 이 과정을 세 번 반복한 결과, 원래의 효소보다 화학반응 촉매 능력이 256배나 커진 진화된 효소를 얻을 수 있었어요. 이렇게 돌연변이를 일으켜 진화된 물질을 얻는다 하여 '유도 진화법'이라는 이름이 붙게 되었답니다.

박테리아로 원하는 단백질을 만들다!

아널드 교수가 DNA에 돌연변이를 일으켜 원하는 단백질(효소)을 만들었다면, 조지 스미스 교수는 박테리아를 이용해 원하는 단백질을 만드는 방법을 개발했어요. 이름 하여 '파지 디스플레이'랍니다.

파지 디스플레이의 '파지'는 박테리아(세균)를 공격하는 바이러스인 '박테리오파지'를 가리키는 단어예요. 박테리오파지는 박테리아의 표

조지 스미스 교수. © 미주리대학교

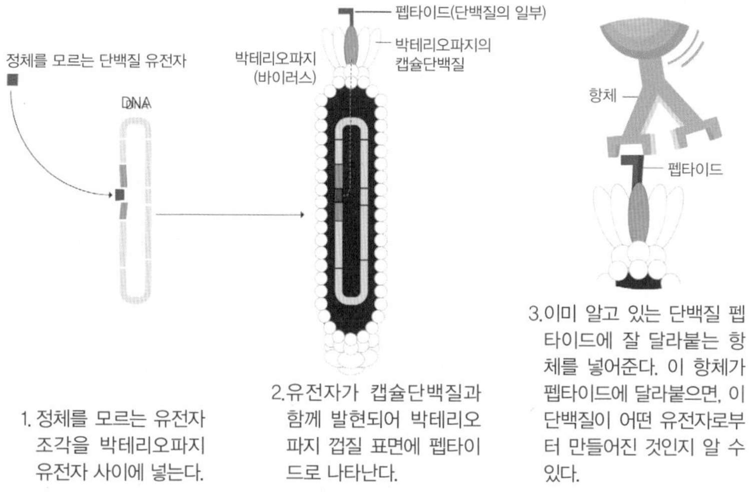

정체를 모르는 단백질 유전자
DNA
1. 정체를 모르는 유전자 조각을 박테리오파지 유전자 사이에 넣는다.
펩타이드(단백질의 일부)
박테리오파지 (바이러스)
박테리오파지의 캡슐단백질
2.유전자가 캡슐단백질과 함께 발현되어 박테리오파지 껍질 표면에 펩타이드로 나타난다.
항체
펩타이드
3.이미 알고 있는 단백질 펩타이드에 잘 달라붙는 항체를 넣어준다. 이 항체가 펩타이드에 달라붙으면, 이 단백질이 어떤 유전자로부터 만들어진 것인지 알 수 있다.

효소 유도 진화법의 원리 ©노벨위원회

면에 붙은 뒤 자신의 몸에 있는 DNA 또는 RNA를 박테리아 안으로 주입시키고, 숙주의 에너지를 통해 또 다른 박테리오파지를 만들어요. 즉 자기 복제를 위해 박테리아를 이용하는 거예요.

사실 파지 디스플레이는 처음부터 원하는 단백질을 만들기 위해 개발된 기술은 아니었어요. 이미 알려진 단백질이 있고, 이 단백질을 만들어내는 유전자가 어떤 것인지 알아내기 위한 방법으로 만들어졌지요. 방법은 다음과 같아요.

먼저 기능을 알 수 없는 미지의 유전자를 박테리오파지 유전자에 넣어요. 그럼 박테리오파지는 이 유전자를 이용해 단백질의 일부인 펩타이드를 만들고, 박테리오파지 바깥에 노출하지요. 이렇게 펩타이드를

달착륙선을 닮은 박테리오파지!

박테리오파지는 '세균'을 의미하는 '박테리아(bacteria)'와 '먹는다'는 뜻의 '파지(phage)'가 합쳐진 단어예요. '세균을 잡아먹는 바이러스'라는 의미이지요.

1915년 영국의 미생물학자 프레데릭 트워트는 포도상구균을 키우던 어느 날, 균이 투명하게 녹은 현상을 발견했어요. 트워트는 그 부위를 떼어내 다른 포도상구균에 집어넣었는데, 같은 결과가 나왔지요. 당시 트워트는 이 '물질'을 세균이 만든 독성 물질이라고 생각했어요. 이후 프랑스의 세균학자 펠릭스 데렐은 그 '물질'을 세균을 죽인다고 해서 '박테리오파지'라는 이름을 붙였답니다. 박테리오파지는 크기가 0.1μm(마이크로미터, 100만 분의 1m)에 불과할 정도로 매우 작아요. 그런데 모양은 좀 특이하답니다. 머리와 깃꼬리로 이뤄져 있는데, 가장 아래쪽에 여러 개의 미세섬유 다리가 곤충처럼 구부러져 있어요. 마치 달 표면에 착륙하는 착륙선처럼 몸체를 땅에 안정적으로 지탱해 줄 것만 같지요. 실제로 아폴로 11호가 달에 도착할 때 사용한 착륙선은 박테리오파지의 모양을 본떠 디자인되었다고 해요.

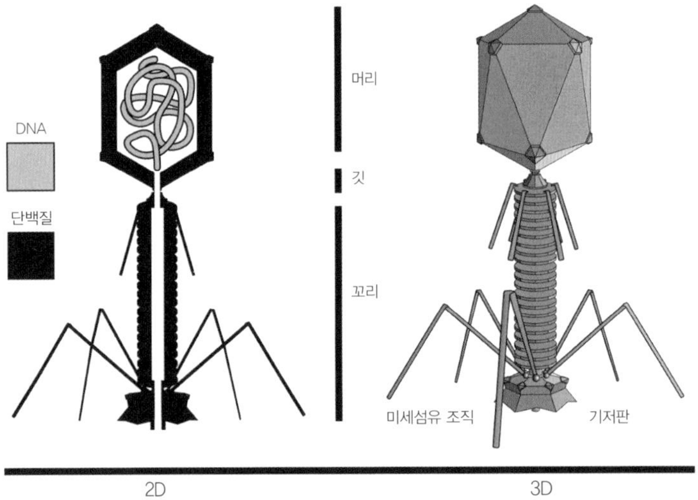

박테리오파지 © 위키미디어

만든 박테리오파지에 우리가 원하는 단백질에만 달라붙는 항체를 뿌려요. 그럼 이 항체와 꼭 맞는 펩타이드만 붙게 되지요. 이를 통해 원하는 단백질을 만든 유전자가 어떤 것인지 찾아낼 수 있는 거예요.

파지 디스플레이로 항체의 진화를 유도하다!

그레고리 윈터 연구원은 조지 스미스 교수의 박테리오파지 기술을 활용해 항체 의약품을 개발하는 플랫폼을 만들었어요. 항체 의약품은 이름 그대로 항체를 활용해 질병의 원인 물질만 특이적으로 치료하는 약품을 말해요. 항체 의약품의 핵심인 항체는 우리 몸에 질병을 일으키는 병원체(항원)가 침입했을 때 이와 맞서 싸우고 잡아내는 단백질이에요. 항체 의약품은 이 원리를 이용해 만들어진 약으로, 질병을 일으키는 특정 항원에만 작용하기 때문에 효과적으로 병을 치료할 수 있지요.

그레고리 윈터 연구원. © 케임브리지대학교

항체 의약품은 특히 우리 몸 자체의 항체만으로 질병을 이겨낼 수 없을 때 유용해요. 류머티즘성 관절염이나 암과 같은 병은 외부에서 항원이 침입해서 생긴 병이 아니라, 원래 몸에 있던 세포가 잘못된 명령을 받아 몸의 특정 부위를 공격해서 생기는 거예요. 이런 경우 우리 몸의 면역을 담당하는 B세포가 항체를 만들어 내지 못하지요. 이때 항체 의약품이 들어가 몸을 공격하는 잘못된 세포가 멈추도록 막는 역할을 한답니다. 때문에 많은 과학자들이 항체 의약품에 주목하고, 더 많은 약을 개발하기 위해 연구하고 있어요. 하지만 원하는 기능의 항체를 대량으로 만들어 내는 데 한계가 있었어요. 동물의 B세포에서 항체를 만드는 방법이 고안됐지만, 이렇게 만들어진 항체를 사람의 몸에 쓸 경우 면역 거부반응이 일어날 수 있거든요. 이를 해결할 수 있는 방법이 바로 '파지 디스플레이를 활용한 항체 진화 유도 기술'이랍니다.

과학자들이 원하는 건 박테리오파지 표면 중에서도 원하는 부위에 원하는 단백질이 발현되도록 하는 거예요. 먼저 특정 질병을 일으키는 항원에 딱 맞는 항체의 유전 정보를 찾아요. 이 유전 정보를 박테리오파지에 넣으면, 박테리오파지는 이 유전 정보를 활용해 항체의 기능을 하는 단백질을 발현시키지요. 이번에도 단백질은 박테리오파지의 바깥 끝 쪽에 나타난답니다.

이렇게 만들어진 박테리오파지들을 약물 표적에 대어 보아요. 이들 중 약물 표적에 잘 달라붙는 박테리오파지만 선택적으로 골라내지요. 그리고 더 효과 높은 항체를 만들기 위해 선택한 박테리오파지에 또다시 무작위 돌연변이를 일으켜요. 이 과정을 반복하다 보면 표적 항원에 특이적으로 달라붙는 항체를 만들 수 있는 거랍니다.

그레고리 윈터는 파지 디스플레이를 활용한 방법으로 100억 개 이상의 변이 항체들을 빠르게 구분하고, 우수한 항체를 효과적으로 찾아내는 데 성공했어요. 그리고 치료용 항체들을 개발했지요. 대표적으로 류머티즘성 관절염 치료에 효과적인 항체 의약품 '휴미라'가 있답니다.

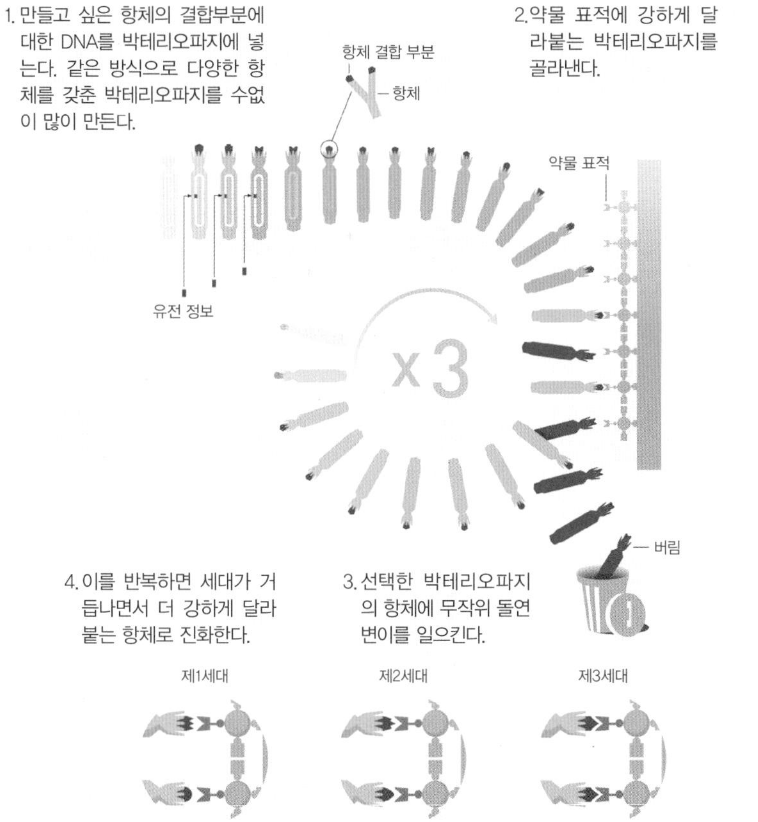

파지 디스플레이 기법을 이용한 항체 유도 진화 © Jonan Jarnestad/The Royal Swedish Academy of Sciences

Q 확인하기

2018 노벨 화학상을 수상한 과학자들의 업적에 대한 이야기를 잘 읽어 보았나요? 아널드 교수의 유도진화와 스미스 교수의 파지 디스플레이, 윈터 연구원의 치료용 항체 기술이 만나 수많은 인류가 질병을 이겨내고 보다 건강한 삶을 살 수 있게 되었어요. 그렇다면 친구들이 내용을 잘 이해했는지, 문제를 풀면서 확인해 보세요!

01 다음 중 2018 노벨 화학상 수상자가 아닌 사람을 고르세요.

① 프랜시스 아널드
② 조지 스미스
③ 찰스 다윈
④ 그레고리 윈터

02 보통 똥은 갈색이고 무르며 냄새가 나요. 그 이유로 바른 것을 고르세요.

① 갈색이고 무르며 냄새가 나는 음식만 먹기 때문에
② 여러 가지 효소가 음식물을 분해했기 때문에
③ 음식물의 영양소가 방귀로 빠져나갔기 때문에
④ 위에서 갈색이며 냄새가 나는 효소가 나오기 때문에

03 다음 빈칸에 알맞은 단어를 고르세요.

효소는 마치 자물쇠 같아요. 자물쇠에 열쇠를 끼우는 구멍이 있듯, 효소에는 다른 물질과 결합하는 활성 부위가 있지요. 이 활성 부위에 결합하는 반응물을 (   )이라고 해요.

① 기차
② 기침
③ 기밀
④ 기질

04 효소의 이름을 보면 공통점이 있어요. 이름의 끝에 (   )가 붙지요. 여기서 괄호 안에 들어가는 알맞은 단어는 무엇일까요?

(   )

05 다음 중 효소가 하는 일을 모두 고르세요.
① 해독, 살균 작용
② 소화와 흡수
③ 향균, 항염 작용
④ 분해와 배출

06 계면활성제는 물과 친한 '친수성'과 물과 친하지 않은 '소수성'으로 나뉘어요. 그림을 보고 알맞은 부위에 이름을 넣어 보세요.

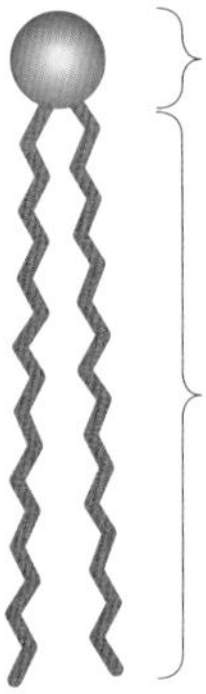

07 아래의 글이 설명하는 것은 무엇일까요?

DNA에 담긴 유전 정보가 갑자기 변한 현상

( )

08 다음은 효소 유도진화법의 원리를 설명하는 문장이에요. 순서에 맞도록 배치시켜 보세요.

㉠ 효소 유전자에 임의의 돌연변이를 일으킨다.

㉡ 기능이 가장 향상된 효소 변이체를 선별한다.

㉢ 효소 변이체의 유전자에 다시 임의의 돌연변이를 일으켜 활성이 더 높은 효소 변이체를 선택하는 과정을 반복한다.

㉣ 변이된 유전자를 세포에 넣어 다양한 효소 변이체를 얻는다.

( ) → ( ) → ( ) → ( )

09 다음 빈칸에 들어갈 알맞은 단어를 쓰세요.

박테리오파지는 (   )을 의미하는 '박테리아(bacteria)'와 (   )는 뜻의 '파지(phage)'가 합쳐진 단어다.

10 아널드 교수가 개발한 기술로, 박테리오파지를 이용해 원하는 단백질을 만드는 방법의 이름은?

(   )

정답

1. ③
2. ②
3. ④
4. 에이스 또는 아제
5. ①, ②, ③, ④
6. ㉠ 친수성, ㉡ 소수성
7. 돌연변이
8. ㉠, ㉣, ㉡, ㉢
9. 세균, 먹는다
10. 파지 디스플레이

04

2018 노벨 생리의학상

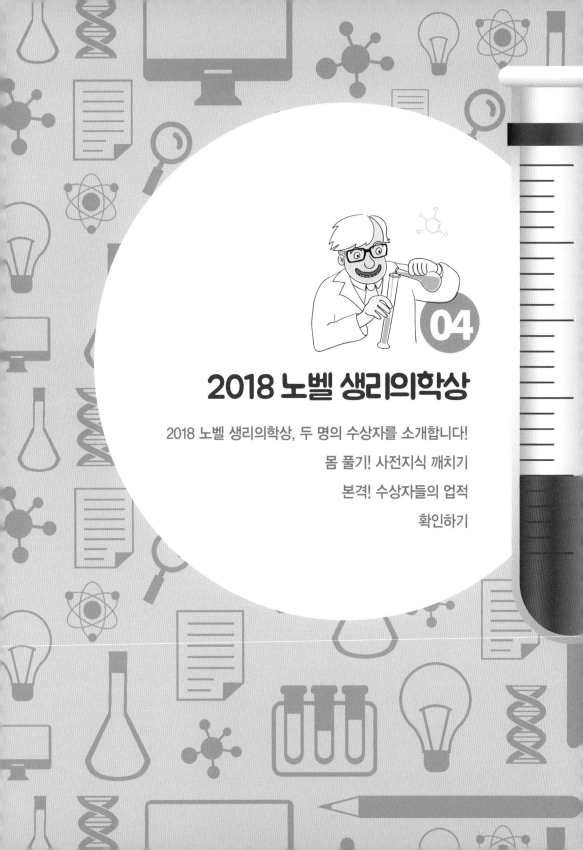

2018 노벨 생리의학상, 두 명의 수상자를 소개합니다!

몸 풀기! 사전지식 깨치기

본격! 수상자들의 업적

확인하기

2018 노벨 생리의학상, 두 명의 수상자를 소개합니다!

2018년 10월 1일(현지 시간), 스웨덴 카롤린스카 의대 노벨위원회는 노벨 생리의학상 수상자로 일본 교토대학교 혼조 다스쿠 명예교수와 미국 엠디(MD)앤더슨암센터 제임스 앨리슨 교수를 선정했다고 밝혔어요. 면역 항암제의 원리를 발견한 공로를 인정한 것이지요.

하지만 두 사람이 한 연구실에서 함께 연구한 것은 아니에요. 그들이 알아낸 면역 항암제의 원리는 서로 다르지만, 암세포를 억제하는 방법을 찾아냈다는 공통점이 있어요. 바로 종양세포를 공격하도록 면역계를 자극하는 원리이지요.

그래서 두 수상자는 각각 동일한 기여를 했다고 평가받았어요. 상금인 총 900만 스웨덴 크로네(약 12억 3000만 원)와 메달, 상장을 나눠 가졌지요.

2018 노벨 생리의학상 한 줄 평

"부작용과 내성 없는 면역 항암제 발견하다!"

©MD Anderson Cancer Center

제임스 앨리슨 미국 엠디앤더슨암센터 교수

· 1948년 텍사스주 앨리스에서 출생.
· 1973년 미국 텍사스대학교 오스틴캠퍼스에서 생명과학 박사학위 받음.
· 1974~1977년 미국 스크립스클리닉 연구재단 박사후연구원.
· 1985~2004년 미국 UC버클리 면역학 교수.
· 2001~2002년 미국 면역학회 회장.
· 2004~2012년 미국 웨일코넬 의대 교수.
· 2006~2012년 미국 메모리얼 슬론 케터링 암센터 루드윅센터 센터장.
· 2012년~현재 미국 텍사스대학교 엠디앤더슨암센터 면역학 교수.

혼조 다스쿠 일본 교토대학교 명예교수

· 1942년 일본 교토에서 출생.
· 1975년 교토대학교 대학원에서 의학연구과 박사 학위 받음.
· 1973~1974년 미국국립보건원 박사후연구원.
· 1971~1973년 미국 카네기연구소 박사후연구원.
· 1984~2005년 일본 교토대학교 의학부 교수.
· 2004~2006년 일본학술진흥회 학술시스템연구센터 소장.
· 2012~2017년 일본 시즈오카대학교 이사장.
· 2018년~현재 일본 교토대학교 고등연구원 특별교수 및 부원장 .

©robert-koch-stiftung.de

몸 풀기! 사전지식 깨치기

병균으로부터 우리 몸을 지키는 군대, 면역계

반 친구들은 감기에 걸렸는데 나만 걸리지 않았다거나, 반대로 짝꿍에게서 감기를 옮아 콧물을 훌쩍인 적이 있을 거예요. 공기 중이나 흙 등 자연에서, 심지어 음식에도 병을 일으키는 병원균이 들어 있을 수 있어요. 세균(박테리아)이거나 바이러스 형태로요.

하지만 병원균을 만났다고 해서 무조건 병에 걸리지는 않아요. 외부 병원균이 몸에 침입해 병을 일으키는 일을 막는 방어 기작인 '면역계(Immune system)'가 우리 몸에 있는 덕분이에요. 면역계는 병원균 외에도 화학물질이나 암세포, 손상된 세포 등 건강을 해칠 수 있는 원인을 없애기 위해 면역반응을 이끌어낸답니다.

면역계는 '나'와 '남(병원균 등 외부 물질)'을 기가 막히게 구분할 수 있는 능력을 갖고 있어요. 내 몸이 아닌, 외부 물질이라고 인식되면 면역반응을 유도하지요. 즉 세균이나 바이러스가 세포에 침입해 병을 일으키는 것을 막아요. 병원균을 직접 공격하기도 하고, 이미 감염된 세포를 없애기도 하지요. 또한 면역계의 기능을 이용해 병원균이 체내에 들어오기 전에 미리 인식시켜 병을 예방하기도 한답니다.

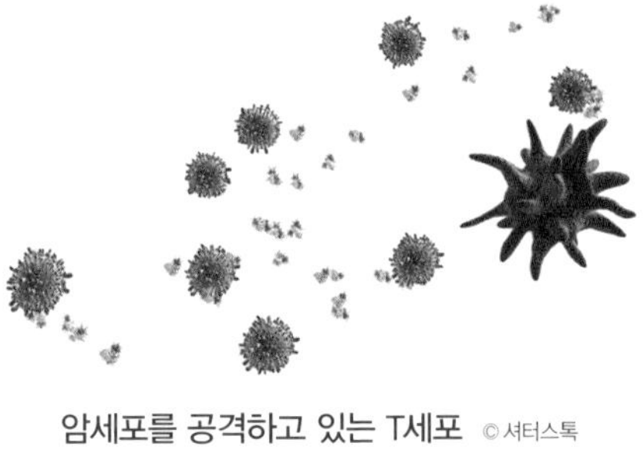

암세포를 공격하고 있는 T세포 © 셔터스톡

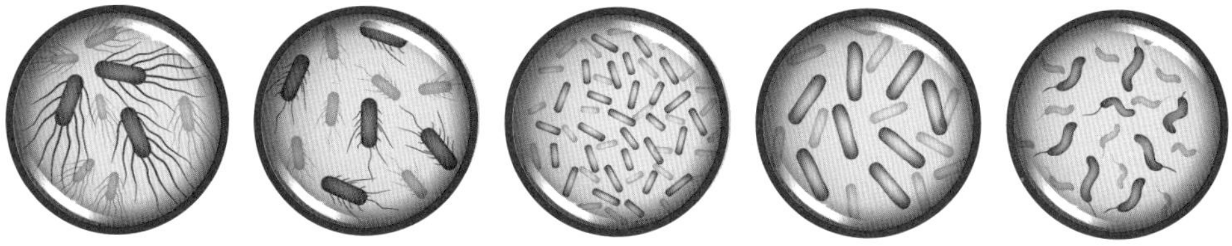

체내에 침입하는 병원균 © 셔터스톡

많이 들어 본 이야기라고요? 하지만 불과 230년 전만 해도 사람들은 면역계나 예방에 대해 잘 알지 못했어요.

최초의 백신, 천연두 바이러스 잡다

1796년 영국의 외과 의사였던 에드워드 제너(Edward Jenner)는 우유 짜는 농부 등 소와 가까이 하는 사람들은 천연두에 잘 걸리지 않는다는 사실에 주목했어요. 그는 소가 걸리는 급성전염병인 우두와 관련이 있을 것이라고 짐작했지요. 그래서 소를 키우는 농부로부터 우두농(우두에 걸린 소가 분비한 고름)을 얻어 8세 소년의 팔에 두 차례 접종했어요.

이로부터 6주 후 소년에게 천연두농을 접종했어요. 하지만 소년은 천연두에 걸리지 않았지요. 이후 1803년 영국에서는 왕립제너협회를 설립해 우두 접종을 보급하기에 이르렀어요. 세계 최초의 백신이 탄생한 것이지요. 이 백신 덕분에 천연두 바이러스는 세상에서 사라졌답니다.

이렇듯 백신으로 병을 예방할 수 있는 이유는 면역계 덕분이에요.

에드워드 제너. © 위키미디어

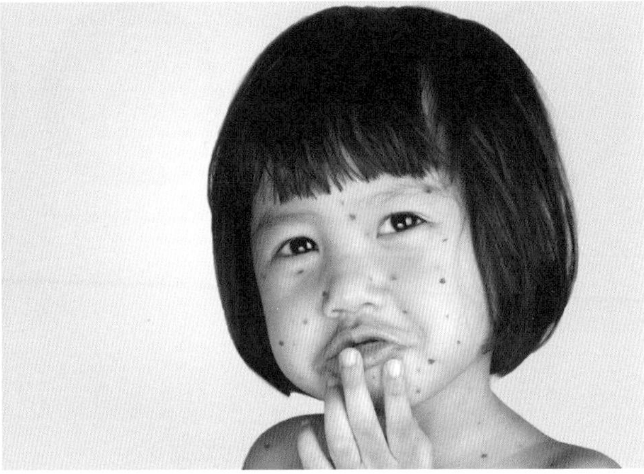

천연두 바이러스에 걸린 모습. © 셔터스톡

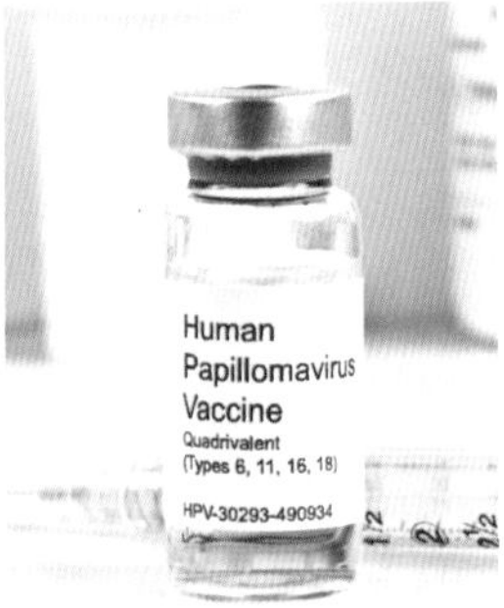

인유두종 바이러스(HPV)를 방해해 자궁경부암을 예방하는 백신. © 셔터스톡

우두 바이러스를 접종하자 이에 대한 면역반응이 일어났고, 우리 몸은 이를 기억했다가 천연두 바이러스가 들어왔을 때 감염되는 것을 방해한 거지요.

이후 전문가들은 면역계의 존재를 알게 되었고, 면역학이라는 학문 분야를 만들어 자세히 연구하기 시작했어요. 외부에서 세균이나 바이러스가 침입했을 때 우리 몸이 어떤 과정을 거쳐 무찌르는지 분자 단위에서 알 정도가 되었지요.

1901년 디프테리아에 대한 치료법을 개발한 에밀 베링이 노벨 생리의학상을 받은 이후, 지금까지 30명이 넘는 과학자들이 면역과 관련된 연구 성과를 인정받아 노벨 과학상을 수상했답니다. 2008년에는 자궁경부암을 일으키는 인유두종 바이러스(HPV)를 발견하고 치료법을 알아낸 과학자들에게 노벨 생리의학상이 수여되기도 했어요.

이처럼 다양한 병을 일으키는 병원균이 발견되면서 인류의 삶이 훨씬 윤택해졌어요. 특히 프랑스의 생리학자 루이 파스퇴르가 근대 예방 접종법을 개발하면서 본격적으로 면역학 시대가 펼쳐지게 되었답니다.

'내가 바로 병원균이다', 세균과 바이러스

우리 몸의 면역계가 하는 일은 크게 두 가지로 나눌 수 있어요. 하나는 세균이나 바이러스 등 외부에서 병원균이 체내에 침입했음을 알아차리는 것이고, 다른 하나는 면역반응을 생성해 병원균이 병을 일으키는 일을 막는 것이지요.

우리 몸에서 병을 일으킬 수 있는 병원균은 박테리아와 바이러스 외에도 기생충이나 곰팡이가 있어요. 이것들이 몸속으로 들어오면 면역계는 '항원'으로 인식하지요. 이때 가장 중요한 역할을 하는 것이 바로 주조직 적합성 복합체(Major Histo-Compatibiligy, 이하 MHC)예요. 이 단백질은 우리 몸을 이루고 있는 모든 세포에서 만들어져요. 그래서 만약 몸속에 있는 세포가 전혀 다른 특징을 가진 MHC 단백질을 갖고 있다면 면역계는 이것을 정상적이지 않은 세포, 즉 바깥에서 들어온 외부항원이라고 인식하는 셈이지요.

또는 면역계가 외부항원이 특별하게 갖고 있는 특이한 단백질(항원결정부위)을 인식해 병원균이라고 알아차리기도 합니다. 그러니까 면역세포들이 MHC I와 항원결정부위를 통해 병원균인지 아닌지 인식하는 셈이지요.

“나는 너의 정상 세포야” 자기 소개하는 단백질 ‘MHC’

우리 몸에 있는 유전자 중에는 정상 세포와 정상이 아닌 세포, 즉 병원균에 감염됐거나 암세포를 구별할 수 있도록 중요한 역할을 하는 유전자가 있어요. 이 유전자는 세포에서 주조직 적합성 복합체(MHC)라 불리는 단백질이 되지요.

이 단백질로 정상 세포와 비정상 세포를 구별할 수 있는 비결은 정상 세포가 가진 MHC와 비정상 세포가 가진 MHC가 다르게 생겼기 때문이에요. 예를 들어 면역세포 중 T세포는 세포 바깥에 나 있는 MHC를 보고 이 세포가 건강한 세포인지, 병원균에 감염된 세포인지, 암세포인지 구별할 수 있어요. T세포가 비정상 세포의 MHC를 보고 위험을 감지하면 어떻게 되냐고요? 이 세포를 무찌르기 위해 면역계가 활성화된답니다.

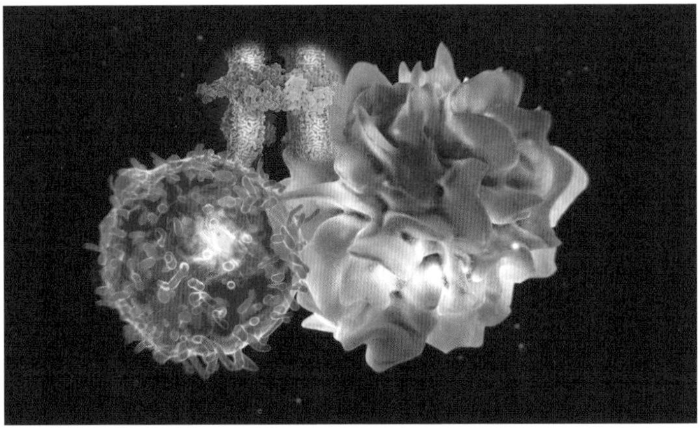

MHC를 내밀고 있는 세포와 T세포의 만남. T세포는 상대 세포의 표면에 나 있는 MHC를 보고 정상 세포인지 아닌지 구별한다. 이 세포는 과연 ‘건강한 나의 세포’일까? © 셔터스톡

면역계가 병원균임을 인지하고 나면 두 가지 시스템이 발동돼요. 첫 번째 시스템은 병원균을 즉각적으로 방어하는 '선천 면역(innate immunity)'이에요. 선천 면역에서는 병원균이 갖고 있는 특이한 구조를 인식해 병원균, 또는 이 병원균에 감염된 세포를 죽여요.

두 번째 시스템은 병원균을 죽일 수 있는 항체를 만들어 공격함과 동시에, 이 병원균에 대해 기억을 남기는 '후천 면역(adaptive immunity)'이에요. 후천 면역에서는 병원균이 갖고 있는 항원결정부위를 인식해 선

단백질 용사 '항체'

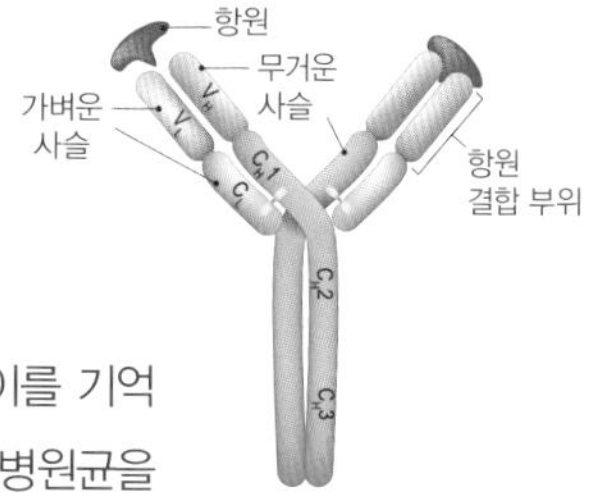

항체 © 셔터스톡

Y자 모양을 하고 있는 사진의 단백질은 바로 항체(antibody)예요. 항체는 병원균에 나 있는 특정 부위(항원)와 결합해 이를 공격할 수 있답니다. 면역세포 중에서 B세포가 활성화하면 병원균을 무찌르는 항원을 만들어 낼 수 있어요. 특히 한 번 침입했던 병원균이 다음에 다시 침입했을 경우, 우리 면역계는 이를 기억했다가 이전보다 훨씬 많은 항체를 만들어서 빠르고 효율적으로 병원균을 무찌르지요.

병원균을 공격하는 항체

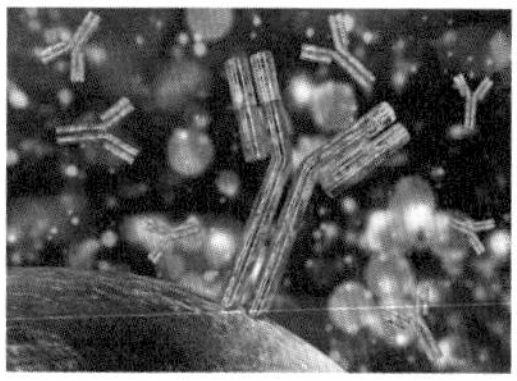
병원균이 세포를 감염시키는 것을 방해하는 항체. © 셔터스톡

병원균은 바깥에 특별한 단백질이 나 있어요. 이 단백질이 우리 세포 표면에 나 있는 단백질에 붙으면, 병원균이 세포를 감염시킬 수 있지요. 이때 병원균과 세포가 결합하는 것을 방해하는 항체가 충분히 있다면 병원균이 세포를 감염시키는 것을 방해할 수 있어요. 또는 이 병원균이 제거되도록 유도할 수 있답니다.

천 면역보다 훨씬 강력하고 지속적인 면역반응을 일으키지요. 이 후천 면역에서 주요한 역할을 하는 두 주인공은 바로 B세포와 T세포랍니다.

골수에서 만들어져 흉선에서 분화

면역세포들을 설명하기에 앞서, 먼저 우리 몸에서 면역계가 어디에 들어 있는지 살펴볼까요?

면역세포가 만들어지는 곳은 골수(bone marrow)와 흉선이에요. 골수에서는 면역세포를 포함한 모든 혈액세포가 탄생해요. 특히 이곳에서는 면역세포 중에서도 B세포와 T세포가 만들어지고, 흉선(thymus)에서는 T세포가 분화하지요. 모든 면역세포는 골수에 있는 조혈모세포로부터 분화해 탄생해요. 조혈모세포는 림포이드 계열 전구세포(lymphoid progenitor cells)와 미엘로이드 계열 전구세포(myeloid progenitor cells)로 분화된 다음, 각기 다른 면역세포로 다시 분화되지요.

림포이드 계열 전구세포는 B세포와 T세포로 만들어져요. 반면 미엘로이드 계열 전구세포는 대식세포(macrophage), 호산성백혈구(eosinophile), 호중성백혈구(neutrophile), 호염기성백혈구(basophile), 과립거대핵세포(megakaryocyte), 적혈구(erythrocyte) 등이 된답니다. 이 면역세포들은 우리 몸에서 마치 건강을 지키는 군대처럼 일정한 룰에 따라 병원균을 공격하거나 스스로 방어해요.

면역세포들은 중추신경계를 제외한 모든 조직에 존재해요. 특히 비장이나 편도선, 맹장 등 림프기관에 많이 모여 있지요. 감염 초기에 신속하게 반응하기 위해 림프절이나 혈관을 통해 몸 여기저기로 퍼져 나

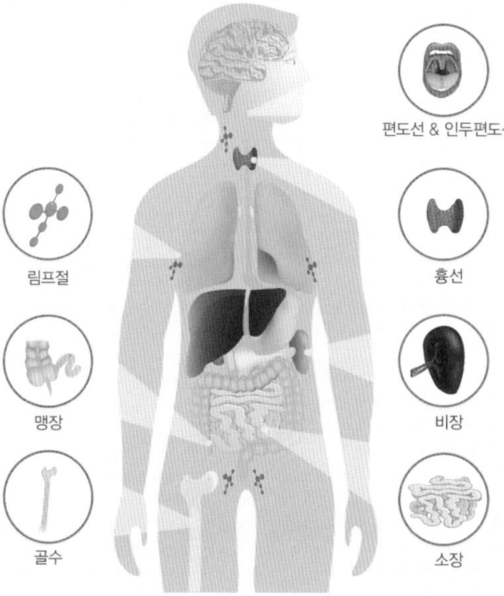

우리 몸의 면역계는 어디에 위치해 있을까?
면역계는 우리 몸속 어디에나 있어요. 면역세포들이 특정 기관에서 탄생해 분화과정을 거쳐 구체적인 역할을 할 수 있게 되면, 몸속 각 장기로 이동한답니다. © 셔터스톡

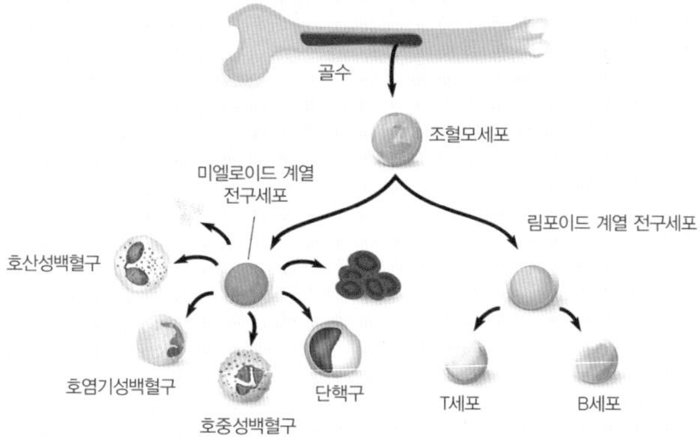

골수에서 면역세포가 분화하는 과정 © 셔터스톡

가요. 림프절도 혈관과 마찬가지로 우리 몸속 여기저기에 뻗어 있어서 몸속 곳곳에 면역세포를 보낼 수 있답니다. 혈액과 마찬가지로 심장의 펌프질에 따라 온몸을 순환할 수 있지요.

병원균이 처음 우리 몸에 침입하는 일을 막는 최초의 장벽은 피부나 점막이에요. 눈물에 들어 있는 효소인 리소자임(lysozyme)이나 위장에 든 위산처럼 화학적으로 병원균을 방어하는 경우도 있어요. 우리 몸에는 이렇게 든든한 장벽이 있지요. 하지만 병원균도 살아남기 위해 무

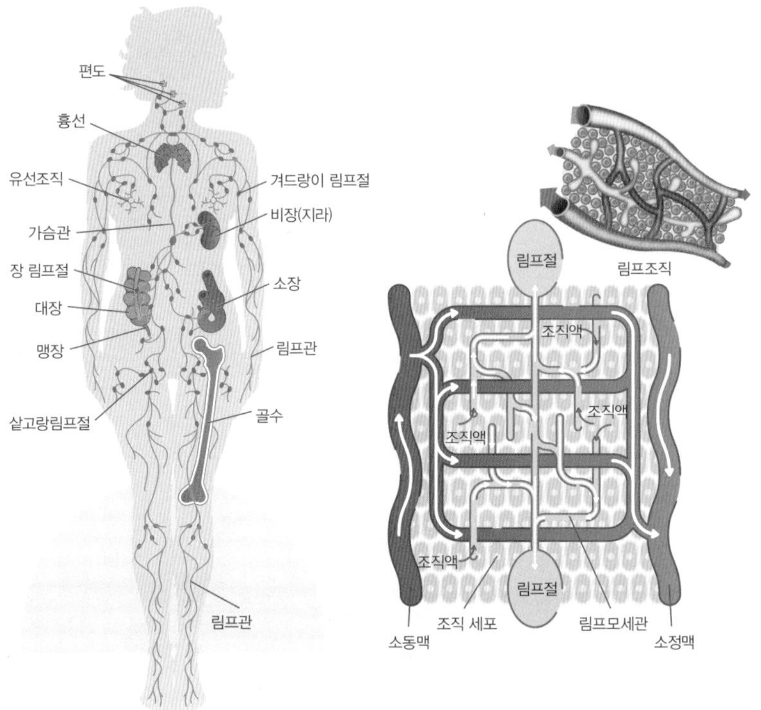

림프 순환 © 셔터스톡

척 영리하게 진화해서, 이 면역세포들의 감시를 피해 몸속으로 침입할 때가 있어요.

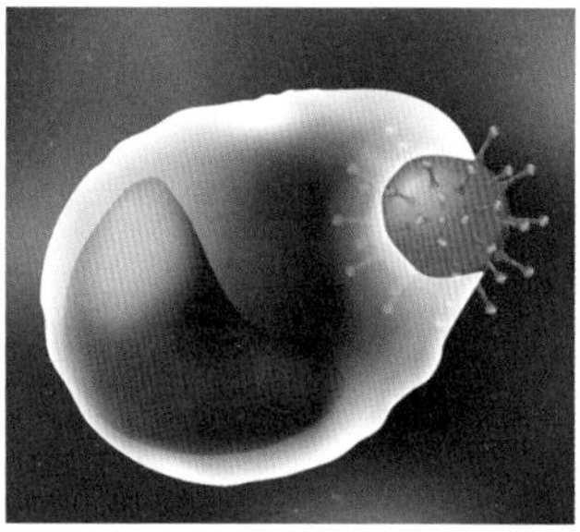

대식세포가 병원균을 먹는 모습. © 셔터스톡

그러면 가장 먼저 출동하는 용사들이 바로 대식세포(macrophage)와 수지상세포예요. 정상 세포인지 병원균인지 인식한 다음, 병원균을 잡아먹어 버리거든요. 이것이 바로 선천 면역이지요.

하지만 대식세포의 공격을 피해서 침입한 병원균들도 있어요. 그러면 후발대로 나선 B세포와 T세포가 다시 한 번 공격하지요(후천 면역).

B세포는 병원균을 무력화시키거나 없앨 수 있는 단백질인 항체를 만들어요. T세포는 대식세포가 병원균을 잡아먹거나 B세포가 항체를 만드는 것을 도와주거나(CD4 T세포), 또는 직접 병원균에 감염된 세포를 죽이지요(CD8 T세포). 감염된 세포가 병을 일으키거나 다른 건강한 세포를 전염시키지 않도록 하는 것이랍니다.

선천 면역 vs. 후천 면역

후천 면역이 선천 면역에 비해 특별한 점은 특정한 항원을 구별하고 기억할 수 있다는 점이에요. 즉 항원이 여러 번 침입할수록 이 항원을 없애는 면역반응의 세기가 강렬해진답니다. 이 원리를 이용해 병을 예방하는 것이 바로 백신이지요. 특정 항원에 대해 면역계가 반응했던 기억이 없는 몸 안에 '면역에 대한 기억'을 심어 주

선천 면역

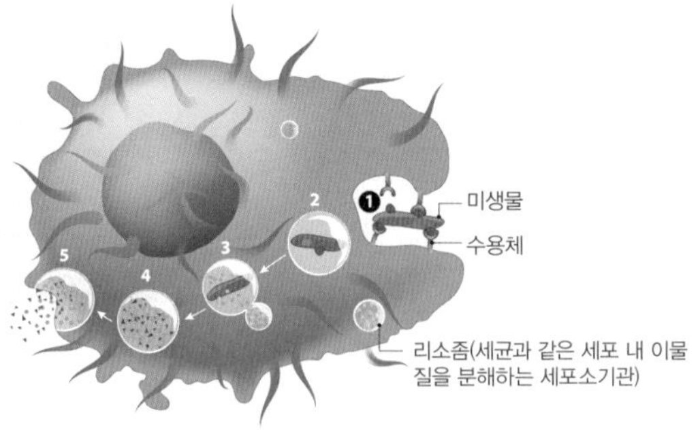

1. 미생물 등 병원균이 대식세포에 붙은 다음 빨려 들어간다.
2. 세포에 들어간 병원균은 세포막 물질에 둘러싸여 '식포'가 된다.
3. 세포 내 이물질을 소화하는 세포소기관인 리소좀이 식포와 합쳐진다.
4. 그 안에서 병원균이 잘게 분해된다. 즉, 소화된다.
5. 소화 후 찌꺼기는 세포 바깥으로 버려진다.

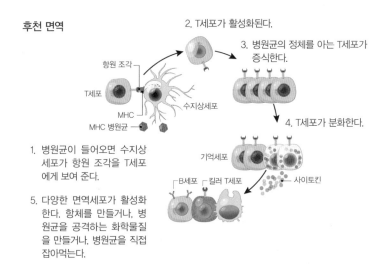

후천 면역

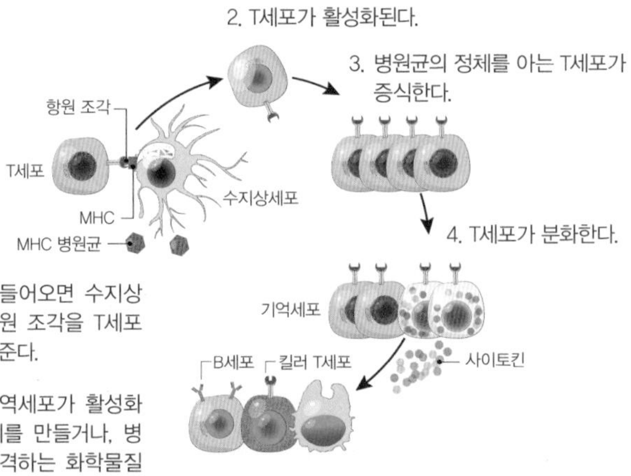

1. 병원균이 들어오면 수지상 세포가 항원 조각을 T세포에게 보여 준다.

5. 다양한 면역세포가 활성화한다. 항체를 만들거나, 병원균을 공격하는 화학물질을 만들거나, 병원균을 직접 잡아먹는다.

같은 항원이 여러 번 침입할수록 이 항원을 없애는 면역반응의 세기가 강해진다. 이 원리를 이용해 백신을 만들어 병을 예방할 수 있다.

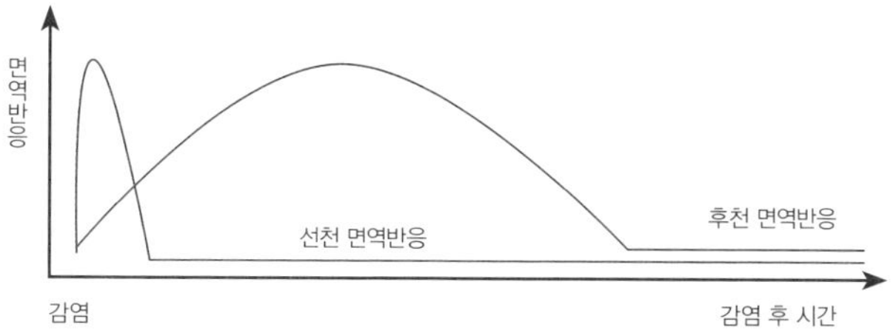

선천 면역 vs. 후천 면역
병원균이 체내에 들어오면 먼저 즉각적으로 방어하는 선천 면역반응이 일어나 병원균이나, 이 병원균에 감염된 세포를 죽인다. 이후 이 병원균을 죽이는 항체를 만들고 면역계의 기억에 남기는 후천 면역반응이 일어난다. 선천 면역보다 훨씬 강력하고 지속적이다.

는 거예요. 그럼, 나중에 그 항원이 침입했을 때 세포가 감염되는 일을 막아 주지요. 그래서 후천 면역을 이용하면 백신을 만들 수 있어요. 낯선 병원균이 침입했을 때보다 이미 과거에 침입했던 기억이 있는 병원균이 침입했을 때, 면역계는 이를 막기 위한 면역반응을 훨씬 빠르고 지속적으로 일으킬 수 있거든요.

백신에는 병원균의 일부(항원)나 죽은 병원균이 들어 있어요. 그래서 백신을 맞으면 병원균이 침입하지 않고도 우리 면역계가 이 병원균에 대해 면역반응을 일으키도록 기억을 하게 되지요. 그래서 실제로 병원균이 침입했을 때 빠르고 효율적으로 방어할 수 있답니다.

면역세포 패밀리

우리 몸에는 얼마나 다양한 면역세포가 살고 있을까요? 면역세포 중 가장 많이 들어 있는 것은 '호중성백혈구'예

	생김새	이름	하는 일
식세포	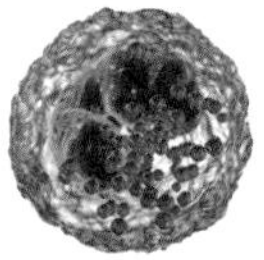	호염기성백혈구 (basophile)	꽃가루 등 개인적으로 예민한 항원이 들어왔을 때 알레르기 반응을 일으킨다. 히스타민을 분비하며 T세포의 분화를 촉진한다.
	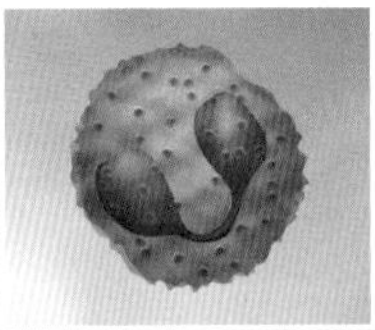	호산성백혈구 (eosinophile)	외부에서 들어온 기생충을 죽인다.
	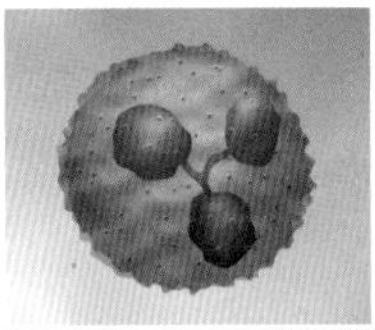	호중성백혈구 (neutrophile)	병원체를 잡아먹는다.
	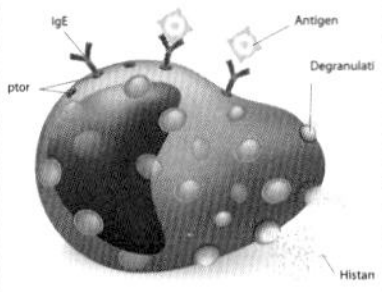	비만세포 (mast cell)	히스타민을 분비해 알레르기 반응을 일으킨다.
	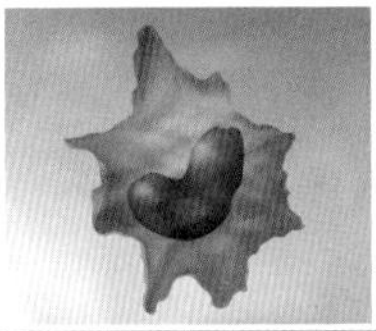	단핵구 (monocyte)	대식세포로 분화한다. 또는 면역반응을 활성화하는 화학물질인 모노카인을 분비한다.
	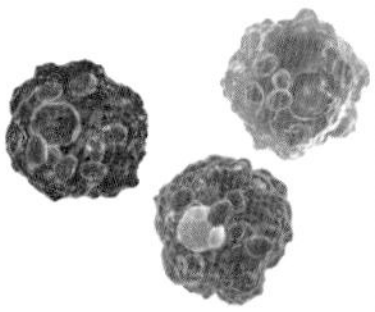	대식세포 (macrophage)	외부에서 침입한 세균을 잡아먹는다. T세포에 항원결정부위(epitope)를 제시해 활성화시킨다. 면역반응을 활성화하는 화학물질인 림포카인을 분비한다.
	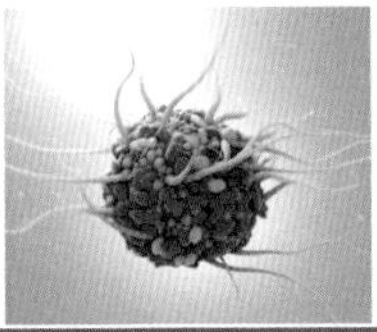	수지상 세포 (dendritic cell)	T세포에게 항원을 제시한다.

	생김새	이름	하는 일
림프구	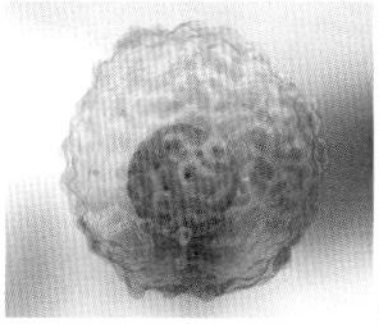	B세포	항체를 분비한다. 한번 항체를 생산하게 한 병원균을 기억하며, 다음에 다시 침입했을 때 훨씬 신속하게 다량으로 항체를 만든다.
	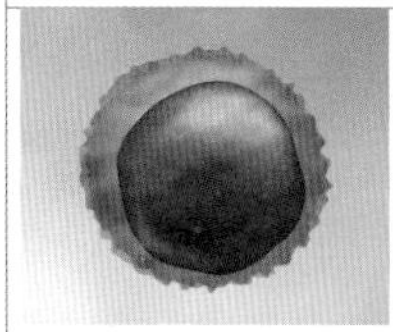	T세포	B세포를 분화시켜 항체를 만드는 것을 돕거나, 암세포 등을 직접 공격해 없앤다.
	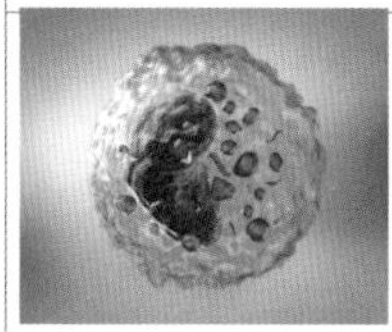	자연 살세포 (NK세포, natural killer cell)	암세포나 병원균에 감염된 비정상적인 세포가 스스로 없어지도록 돕는다(세포 자살).

© 셔터스톡

요. 면역세포 전체에서 약 50~70%나 되지요. 그다음으로 많은 것은 B세포와 T세포, NK세포를 포함하고 있는 림프구예요. 이 밖에 단핵구와 호산성백혈구는 각각 1~5% 정도 존재하며, 호염기성백혈구는 매우 적은 편이에요(1% 이하).

병원균의 침입을 막아 건강을 유지하기 위해서, 면역세포들은 각자 전문적인 '필살기'를 갖고 있지요.

B세포 VS. T세포

B세포와 T세포는 둘 다 림프구에 속하는 세

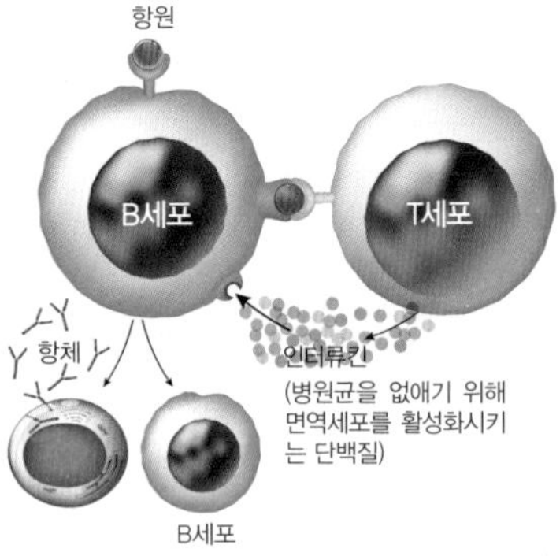

B세포가 하는 일 © 셔터스톡

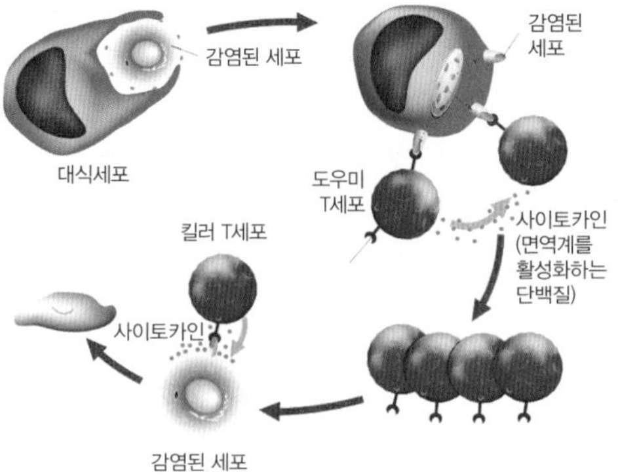

T세포가 하는 일 © 셔터스톡

포들이에요. 후천 면역반응을 일으키는 주인공들이지요. 이 두 면역세포는 어떻게 다를까요?

먼저 B세포는 골수에 들어 있는 줄기세포에서 미성숙한 B세포 형태로 만들어져요. 이곳에서 미성숙한 B세포는 성숙하고 분화해 건강한 B세포가 된답니다. B세포는 오랫동안 살지 못하고 일정 기간에만 살아 있어요. 그래서 골수에서는 미성숙한 B세포가 계속해서 만들어지고, 성숙과 분화과정을 거치지요.

다 자란 B세포는 골수에서 말초기관으로 이동해요. B세포는 다양한 항원과 반응해 각각을 공격할 수 있는 항체를 만들 수 있는 능력을 가졌어요. 항원을 만나 항체를 생산하게 되면 이를 기억했다가 다음에 다시 이 항원을 만났을 때 훨씬 빨리 다량으로 항체를 만들어 재빨리 방어한답니다.

만약 B세포가 항원을 만나지 못한다면 자연적으로 죽어버려요. 하지만 골수에서 새로운 B세포가 계속 태어나니 너무 걱정 마세요!

반면 T세포는 B세포에 비해 훨씬 잘 훈련받은 병사 같아요. B세포가 분화하고 항체를 대량생산할 수 있도록 돕는 T세포도 있지만, 직접 암세포나 감염된 세포를 공격하기도 하거든요. T세포의 표면에는 단백질 수용체(TCR)가 붙어 있어요.

그래서 세포들이 내미는 MHC를 인식해 이 세포가 정상적이고 건강한 내 세포인지, 아니면 병원균에 감염된 세포이거나 암세포인지 구별할 수 있어요. T세포가 B세포를 효율적으로 돕도록, 또는 정상 세포와 암세포 등을 더욱 확실하게 구분하기 위해서 여러 표면단백질(CD3이나 CD4, CD8 등)의 도움을 받는답니다.

표면단백질 중 CD4와 CD8은 T세포가 다른 세포가 내밀고 있는 MHC를 잘 인식하도록 도와줘요. 만약 T세포와 만난 세포가 병원균에 감염된 세포거나 암세포라면 CD4나 CD8에서는 신호를 내보내 T세포를 활성화시켜요. 이 세포는 정상 세포가 아니니 공격해야 한다는 신호지요.

T세포마다 각각 CD4 또는 CD8이 붙어 있어요. CD4가 붙어 있는 T세포의 별명은 '도우미 T세포'예요. 이 T세포가 감염된 세포나 암세포를 인지하면 B세포가 항체를 많이 만들도록 신호를 보내거나, 대식세포가 상대 세포를 잡아먹을 수 있도록 신호를 보내거든요.

반면 CD8이 나 있는 T세포의 별명은 '킬러 T세포'예요. 이 T세포가 감염된 세포나 암세포를 인지하면 직접 나서서 이 세포를 죽인답니다.

면역계가 우리 몸을 공격하는 병이 있다?

안타깝게도 면역계가 굳이 면역반응을 일으킬 필요가 없는 경우에도 '과민반응'을 일으키는 경우가 있어요. 가장 잘 알려진 것이 바로 알레르기(알러지) 반응이지요. 꽃가루나 복숭아, 꽃게 등 알레르기를 가진 사람마다 특별하게 반응하는 물질이 있어요. 이 물질 안에 들어 있는 성분을 면역계가 항원으로 인식해 면역반응을 일으키기 때문이에요. 콧물을 흘리거나 염증이 생기거나, 두드러기가 나는 등 알레르기에 따른 반응은 우리 면역계가 일으킨 결과랍니다.

이러한 과민반응이 너무 심각하면 병이 되기도 해요. 건강한 세포를 비정상 세포로 잘못 인식하기 때문이에요. 이렇게 면역계가 과민반응을 일으켜 생기는 병을 '자가면역질환(autoimmune disease)'이라고 불러요. 인슐린 의존형 당뇨병이나 류머티즘, 아토피 피부염이 대표적인 자가면역질환이지요.

콧물이나 염증 등 알레르기에 따른 반응은 우리 면역계가 일으킨 결과이다. © 셔터스톡

본격! 수상자들의 업적

2018 노벨 생리의학상을 받은 제임스 앨리슨 교수와 혼조 다스쿠 교수는 바로 우리 몸의 면역세포가 암세포를 찾아 제거하는 원리를 발견한 공로를 인정받았어요. 이 원리를 활용하면 기존의 화학적 항암제보다 훨씬 효율적이고 부작용이 낮은 '면역 항암제'를 만들 수 있거든요. 즉 수상자들은 면역 항암제의 원리를 발견한 것이나 마찬가지이지요.

노벨위원회에서는 제임스 앨리슨 교수와 혼조 다스쿠 교수의 연구 업적을 쉽게 설명하기 위해 CTLA-4와 PD-1을 자동차 브레이크에 비유했다. '자동차(T세포)'가 너무 빠르게 달리는 것(지나치게 활성화하는 것)을 방지하기 위해 '브레이크(CTLA-4와 PD-1)'가 작동한다는 것이다. 하지만 암세포가 이를 악용해 T세포의 감시망을 뚫고 증식할 수 있다. 이에 두 연구자는 CTLA-4와 PD-1을 방해하는 항체를 만들었다. T세포가 활성화돼 암세포를 없애는 원리다.

© Mattias Karlén, 노벨위원회

암은 돌연변이 유전자 때문에 생겨

먼저 암이 어떻게 생기는지 알아볼까요? 암은 우리 몸속에 들어 있는 유전자, 즉 DNA에 돌연변이가 생겼을 때 발생할 수 있어요. 과도하게 방사선을 쬐었거나 오염물질에 오랫동안 노출됐을 때, 또는 불규칙하거나 건강에 좋지 않은 생활습관을 오랫동안 가졌을 때 후천적으로 DNA가 변하거나 돌연변이가 생길 수 있어요.

그러면 세포가 비정상적으로 분열하거나 성장할 수 있답니다. 그래서 정상 세포와 달리 암세포는 정상적인 세포주기를 벗어나 끊임없이 세포분열을 해요. 그리고 일정기간이 지나면 스스로 사멸하는 정상 세포와 달리, 암세포는 계속해서 성장하지요. 또한 처음에 생겼던 조직에서 옆 조직으로, 다른 부위로 전이될 수 있어요.

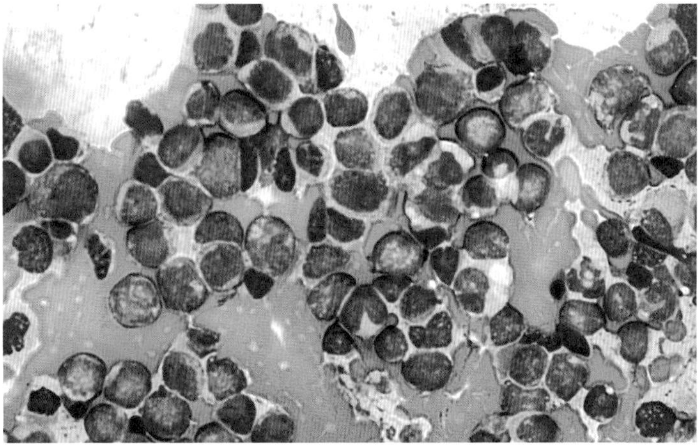

방사선이나 오염물질에 오랫동안 노출되는 등 환경적·유전적 요인으로 인해 DNA에 돌연변이가 생기면 암이 발생할 수 있다. 암세포는 정상 세포와 달리 끊임없이 분열한다. © 셔터스톡

그래서 전문가들은 암세포를 막기 위해 세포분열을 억제하는 치료방법을 개발했어요. 예를 들면 화학적 약물을 먹거나 방사선을 쬐어 DNA에 손상을 주는 것이지요. 하지만 이런 치료방법은 암세포뿐만 아니라 주변에 살아 있는 건강세포까지도 손상시킬 수 있다는 문제가 있어요. 항암 치료를 받은 환자의 머리카락과 눈썹이 다 빠지거나, 백혈구가 감소하는 것이 바로 이런 화학적 항암 치료의 부작용이지요.

부작용 낮추는 표적 항암제는 내성 생기기 쉬워

그래서 최근 전문가들은 암세포들만 골라 공격하는 치료방법을 찾고 있어요. 이런 치료방법을 '표적 항암제'라고 불러요. 활로 쏜 화살이 표적을 맞히는 것처럼, 주변의 건강한 세포는 건드리지 않고 암세포만 선택적으로 공격한다는 뜻이지요.

다행히 그간 암세포가 끊임없이 세포분열을 한다는 점 외에도 다양한 특징을 찾아냈어요. 예를 들면 암세포가 자라는 데 필요한 효소 등을 발견했지요. 그래서 최근에는 암세포만이 갖고 있는 효소를 억제하는 원리의 약물(글리벡 · Gleevec)이나 암세포에만 있는 특이한 단백질의 기능을 억제하는 항체를 이용하는 약물(허셉틴 · Herceptin)을 사용한답니다.

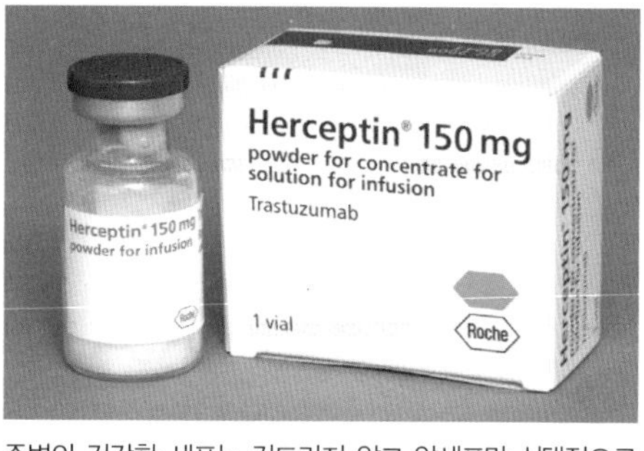

주변의 건강한 세포는 건드리지 않고 암세포만 선택적으로 공격하는 표적 항암제, 허셉틴. © Roche

표적 항암제는 기존 항암제와 달리 탈모를 일으키거나 백혈구를 감소시키는 등의 부작용은 일으키지 않아요. 하지만 암세포는 정상 세포에 비해 돌연변이가 일어날 가능성이 높은 만큼, 표적 항암제에 대해서도 내성이 생기기 쉽다는 문제가 있어요. 약에 대해 내성이 생겨 버리면 표적 항암제를 아무리 써도 듣지 않지요. 그래서 완치가 된 환자라도 수 년 후 암이 재발할 수 있답니다.

부작용과 내성 없는 면역 항암 치료법

2018 노벨 생리의학상을 수상한 두 과학자는 이 표적 치료제의 한계를 뛰어넘을 수 있는 방법을 찾았어요. 면역 항암 치료법의 원리를 밝혀냄으로써 말이지요.

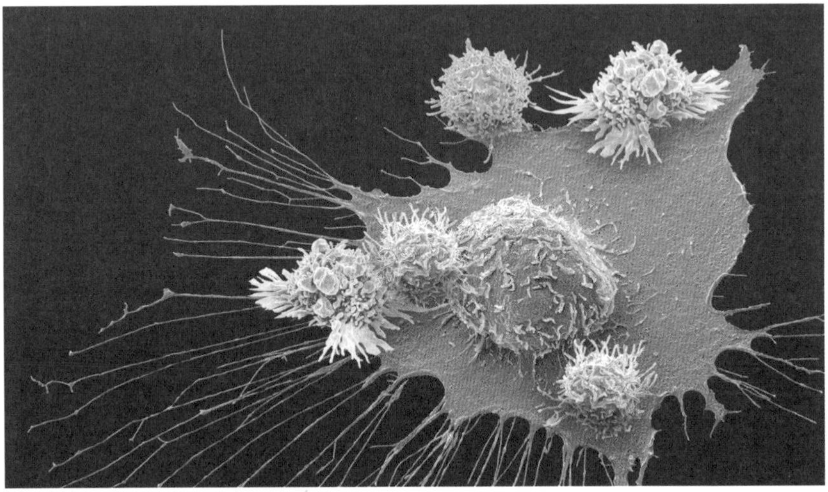

암세포를 공격하는 면역세포 ©Steve Gschmeissner, Science

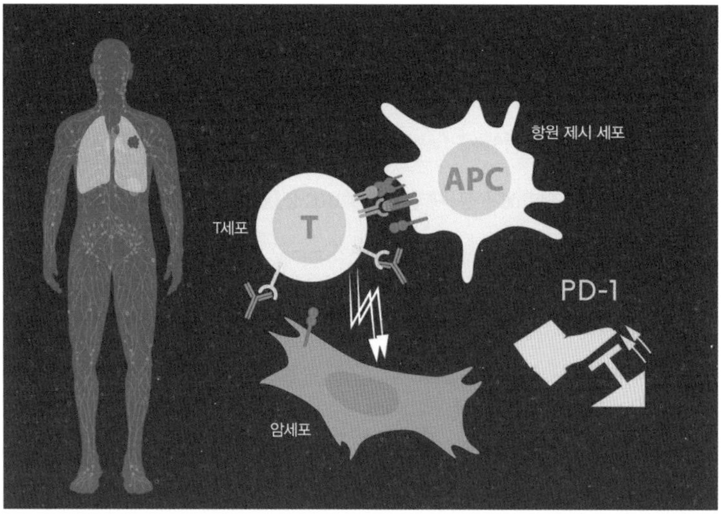

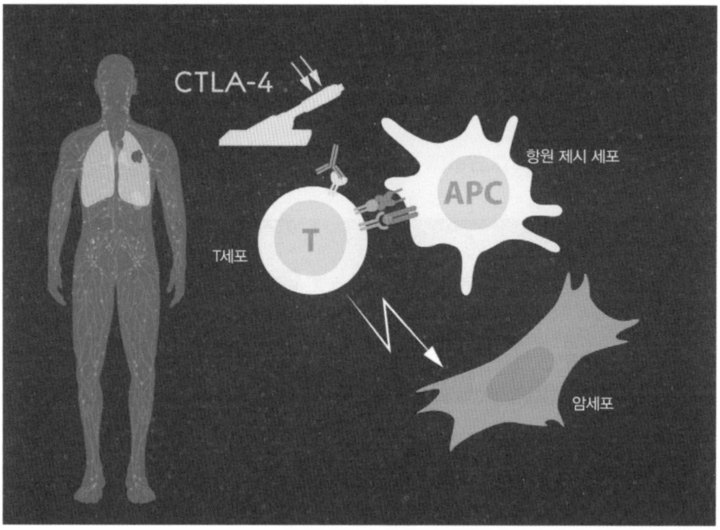

면역세포가 암세포를 잘 공격하도록 '브레이크'를 푸는 면역 항암제

항원 표지 세포(APC)는 암세포를 면역세포에게 보여 주는 역할을 한다. 이때 면역세포가 지나치게 활성화하면 자가면역질환이 생길 수 있어, 면역세포의 활성을 낮추는 '브레이크' CTLA-4와 PD-1이 있다. 암세포는 두 수용체를 악용해 면역반응을 회피해서 살아남는다. 2018 노벨 생리의학상 수상자들은 PD-1 항체와 CTLA-4 항체를 만들어 면역세포의 '브레이크'를 풀고 암세포를 잘 공격하도록 하는 '면역 항암 치료법'을 개발했다. ⓒ노벨위원회

앨리슨 교수의 CTLA-4 항체와 혼조 교수의 PD-1 항체

제임스 앨리슨 교수는 1990년대부터 미국 UC버클리에서 T세포 표면에 나 있는 CTLA-4 단백질에 대해 연구하기 시작했어요. 당시에는 앨리슨 교수뿐만 아니라 수많은 면역학자들이 T세포 표면에 나 있는 다양한 단백질에 대해 연구하고 있었어요. 이 단백질들은 T세포에게 상대 세포를 공격하라는 신호를 보내거나, 또는 과도하게 활성화하지 말라는 신호를 보내는 역할을 하지요.

앨리슨 교수는 CTLA-4를 이용하면 효과적으로 암을 치료할 수 있을 거라고 생각했어요. 그래서 CTLA-4를 억제하는 항체를 개발했고, 1994년에는 이 CTLA-4 항체를 암에 걸린 쥐에게 주사해 암세포가 실제로 없어지는 것을 확인했어요. 이후 임상 시험에서는 CTLA-4 항체를 투여받은 흑색종(피부암 중 하나) 환자의 약 25%가 완치했다는 결과도 얻었답니다. 이 연구 성과를 토대로 2011년 '여보이(Yervoy)'라는 이름으로 CTLA-4 항체 치료제가 개발됐어요. 그리고 항체 면역 항암제 중에서는 최초로 미국 식품의약국(FDA)의 승인을 받게 되었지요.

한편 1990년대 혼조 다스쿠 교수는 T세포 표면에서 PD-1 단백질을 발견했어요.

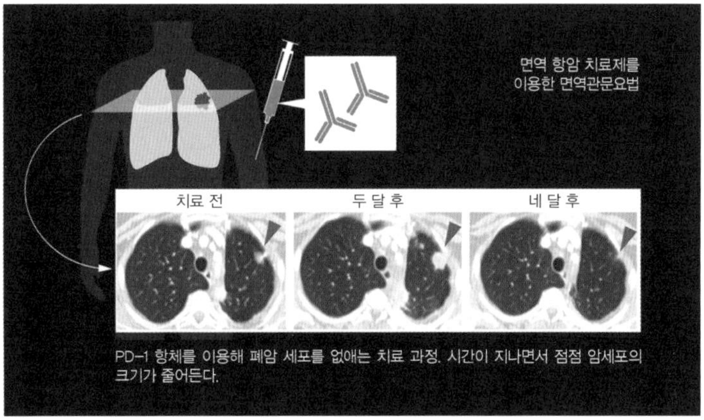

PD-1을 이용한 면역 항암 치료제 효과 ©노벨위원회

이 단백질은 CTLA-1과 마찬가지로 T세포가 지나치게 활성화하는 것을 막는 역할을 하지요. 혼조 교수도 앨리슨 교수와 마찬가지로 동물실험을 통해 PD-1를 억제하면 T세포가 활성화해 암세포를 제거할 수 있다는 사실을 밝혀냈어요. 또한 임상 시험을 했을 때에도 부작용 없이 다양한 종류의 암을 치료할 수 있는 것은 물론, 한 번 치료로 수년 동안 지속적으로 암이 재발하지 않았어요. 그래서 훗날 PD-1 항체를 이용한 면역 항암 치료제로 탄생하게 되었지요. 이것이 바로 2016년에 개발된 '옵디보(Opdivo)'와 '키트루다(Keytruda)'랍니다. PD-1 항체 치료제는 지미 카터 전 미국 대통령이 걸린 피부암 흑색종이 뇌로 전이됐을 때 이를 완치시켜 화제가 되기도 했어요.

혼조 다스쿠 교수. ©노벨위원회

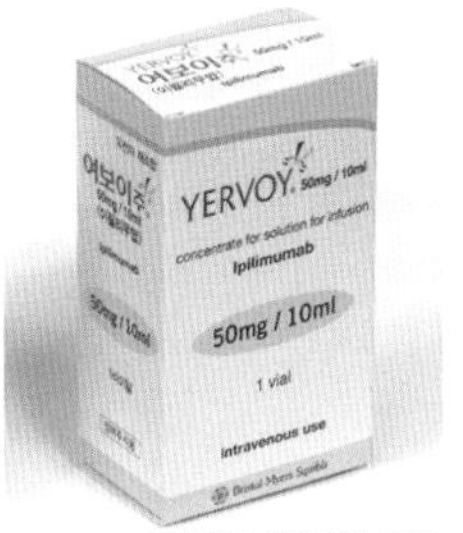

© 한국오노약품공업·BMS

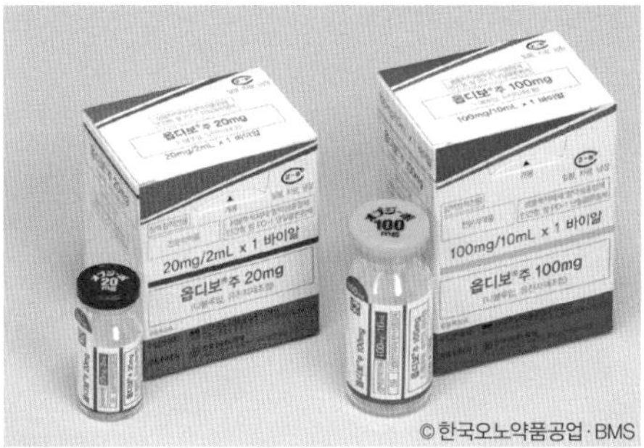

© 한국오노약품공업·BMS

CTLA-4 항체 치료제 '여보이'(왼쪽)와 PD-1 항체 치료제 '옵디보'(오른쪽).

쉽게 말해 두 과학자는 면역세포가 갖고 있는 '브레이크'를 발견했어요. 면역세포는 과도하게 활성화하는 것을 스스로 막기 위한 브레이크를 갖고 있어요. 앞서 설명했듯이 면역계가 지나치게 활성화하면 정상 세포를 공격할 수 있기 때문이지요. 그중 T세포의 표면에는 CTLA-4와 PD-1이 있어요.

문제는 영악한 암세포가 T세포의 눈을 속여 마치 과도한 활성화가 일어난 것처럼 연기할 수 있다는 것이에요. 즉 CTLA-4와 PD-1을 이용해 T세포가 면역반응을 낮추도록 이용하는 것이지요. 암세포가 다른 곳으로 퍼지는 일을 T세포가 방해하지 않도록 말이에요.

제임스 앨리슨 교수와 혼조 다스쿠 교수는 각각 CTLA-4와 PD-1에 대한 항체를 만들어 T세포가 잘못된 브레이크를 풀고 암세포를 정상적으로 공격할 수 있도록 하는 방법을 찾아냈어요. 즉 두 과학자가 개발한 면역 항암 치료법은 기존의 화학약물이나 표적 항암제가 암세포를 직접 공격하는 것과 달리, 우리 면역계가 암세포를 스스로 찾아서 효과적으로 제거하도록 도와준답니다.

그만큼 정상 세포 공격으로 인해 생기는 탈모나 백혈구 감소 같은 부작용도 없고, 약물에 대한 내성이 생기는 문제점도 해결한 셈이지요. 또한 면역 항암 치료법을 한번 사용하면 암세포를 없애도록 기억된 면역세포들이 오랫동안 몸속에 남아 있어, 수년간 완치 효과를 낼 수 있어요.

확인하기

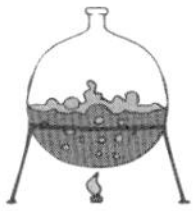

2018 노벨 생리의학상을 수상한 과학자들의 업적에 대한 이야기를 잘 읽어 보았나요?

2018 노벨 생리의학상 수상자들은 항암 치료에 따른 부작용이나 약에 대한 내성 없이 암을 완치할 수 있는 면역 치료제 원리를 발견한 공로를 인정받았어요. 얼마나 잘 이해하고 있는지 한번 알아볼까요?

01 다음 중 2018 노벨 생리의학상을 받은 사람들을 모두 고르세요.

① 혼조 다스쿠

② 제임스 앨리슨

③ 알프레드 노벨

④ 오스미 요시노리

02 건강한 내 세포와, 병원균에 감염된 세포 또는 암세포를 구분해 면역반응을 유도하는 기관을 무엇이라고 할까요?

( )

03 영국의 의사 에드워드 제너는 우두에 걸린 소의 고름을 이용해 최초로 백신을 개발했습니다. 이 백신은 사람이 어떤 바이러스에 감염되는 것을 예방할까요?

① 감기 바이러스

② 인플루엔자 바이러스

③ 베토벤 바이러스
④ 천연두 바이러스

04 우리 몸에서 병을 일으킬 수 있는 병원균은 박테리아와 바이러스 외에도 기생충이나 곰팡이가 있어요. 이것들이 몸속으로 들어오면 면역계는 무엇으로 인식할까요?

① 항원
② 항체
③ B세포
④ 대식세포

05 T세포는 세포 표면에 붙어 있는 이 단백질을 보고 이 세포가 건강한 세포인지 아닌지 구분합니다. 이 단백질의 이름은 무엇일까요?

① 레이저 복합기
② 잉크젯 복합기
③ 나노 복합체
④ 주조직 적합성 복합체

06 다음 중 후천 면역에서 주요한 기능을 하는 세포를 모두 고르세요.

적혈구, B세포, 줄기세포, T세포, 간세포

(　　　　　　　　　　)

07 B세포가 활성화되면 이것을 잔뜩 만듭니다. 이것은 특정 병원균에 달라붙어서 세포가 감염되지 못하도록 막는데요. 무엇일까요?

① 항원
② 항체
③ B세포

④ 대식세포

08 다음 중 2018 노벨 생리의학상 수상자들이 발견한 면역 항암제의 특징이 아닌 것을 고르세요.

① 약에 대한 내성이 생기지 않는다.
② 화학적으로 합성해 쉽게 만들 수 있다.
③ 항암 치료에 따른 부작용이 없다.
④ 한 번 치료하면 수 년 동안 암이 재발하지 않는다.

09 제임스 앨리슨 교수는 T세포 표면에 있는 이 단백질에 대한 항체를 만들면, 암세포를 없앨 수 있다는 사실을 발견했습니다. 이 단백질의 이름은 무엇인가요?

( )

10 노벨위원회는 2018 노벨 생리의학상을 수상한 과학자들의 연구 업적을 쉽게 설명하기 위해, CTLA-4와 PD-1을 자동차의 이것에 비유했습니다. 무엇일까요?

① 핸들
② 클락션
③ 엑셀러레이터
④ 브레이크

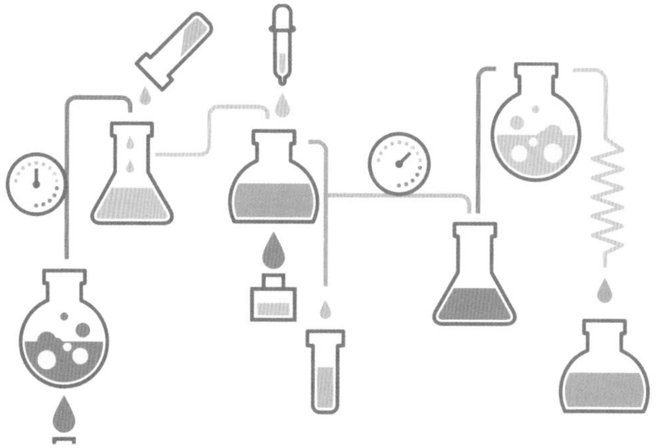

와, 벌써 다 풀었나요?
정답은 아래쪽에 있어요!

정답

1. ①, ②
2. 면역계
3. ④
4. ①
5. ④
6. B세포, T세포
7. ②
8. ②
9. CTLA-4
10. ④

참고 자료

2018 노벨 물리학상

· 노벨위원회(The Official Web Site of the Nobel Prize) 홈페이지 nobelprize.org

· 〈빛으로 세균을 잡는다고?! 노벨상 2018〉, 어린이과학동아 2018년 11월 1일자.

· 〈'신의 빛줄기'를 자유자재로〉, 과학동아 2018년 11월호 특집.

· 《타운스가 들려주는 레이저 이야기》, 육근철, 2010, 자음과모음.

· 《빛 이야기》, 벤 보버, 2004, 웅진닷컴.

· 《드디어 빛이 보인다!》, 윤혜경, 2001, 동아사이언스.

2018 노벨 화학상

· 노벨위원회(The Official Web Site of the Nobel Prize) 홈페이지 nobelprize.org

· 〈효소와 항체 생산의 진화를 이끌다〉, 과학동아 2018년 11월호, 디라이브러리.

· 〈생물로 단백질 공장을 만들다!〉, 어린이과학동아 2018년 21호, 디라이브러리.

· 《고등 셀파 생명과학 2》, 천재교육.

· 《[기술 및 시장 동향] 산업용 효소》, 한국기술거래소.

· 《미생물과 효소의 이용》, 순천대학교.

· 〈소화효소 넣은 세제로 옷에 묻은 얼룩 지우기〉, 2016년 7월 19일, 대한민국청소년의회.

· 《지상 최대의 쇼: 진화가 펼쳐낸 경이롭고 찬란한 생명의 역사》, 리처드 도킨스, 김영사.

· 《아주 명쾌한 진화론 수업: 생물학자 장수철 교수가 국어학자 이재성 교수에게 1:1 진화 생물학 수업을 하다》, 장수철·이재성 공저, 휴머니스트.

· 〈[강석기의 과학카페] 코알라는 어떻게 유칼립투스 잎만 먹고 살까〉, 2018년 07월 17일, 동아사이언스.

2018 노벨 생리의학상

· 노벨위원회(The Official Web Site of the Nobel Prize) 홈페이지 nobelprize.org

· 〈노벨상 5대 트렌드-연령 높아지고, 여성 증가〉, 과학동아 2018년 11월호, 디라이브러리.

· 〈생리의학상-암 치료 패러다임 바꾼 면역 항암 치료〉, 과학동아 2018년 11월호, 디라이브러리.

· 〈노벨과학상 종합분석 보고서-수상 현황과 트렌드를 중심으로〉, 2018년 9월, 한국연구재단.

· 〈과학사로 바라본 노벨과학상〉, 2018년 8월, 한국연구재단.

· 〈최근 10년간 노벨과학상 수상자 트렌드(Ⅱ)-수상자 간 연구 협력 유형〉, 2018년 4월, 한국연구재단.

· 〈최근 10년간 노벨과학상 수상자 트렌드(Ⅳ)-논문 게재 · 피인용 실적: 생애 전체 대비 수상 관련 논문〉, 2018년 8월, 한국연구재단.

· 〈우리 몸을 지키는 군대, 면역시스템〉, 한국분자세포생물학회, 하상준 연세대학교 생명시스템대학 생화학과 교수.

· Immunobiology, 5th edition, New York: Garland Science; 2001, Charles A Janeway, Jr, Paul Travers, Mark Walport, and Mark J Shlomchik.